# 探秘
## 太空家园

钟琦 武丹 王大鹏 编著

国际文化出版公司
·北京·

**图书在版编目（CIP）数据**

探秘太空家园／钟琦，武丹，王大鹏编著. —北京：国际文化
出版公司，2015.7（2023.1重印）
ISBN 978-7-5125-0794-4

I. ①探… II. ①钟… ②武… ③王… III. ①宇宙—普及读
物 IV. ① P159-49

中国版本图书馆 CIP 数据核字（2015）第 155181 号

**探秘太空家园**

| | |
|---|---|
| 作 者 | 钟 琦 武 丹 王大鹏 |
| 责任编辑 | 潘建农 |
| 统筹监制 | 葛宏峰 兰 青 |
| 策划编辑 | 雷 娜 |
| 美术编辑 | 秦 宇 |
| 出版发行 | 国际文化出版公司 |
| 经 销 | 国文润华文化传媒（北京）有限责任公司 |
| 印 刷 | 天津画中画印刷有限公司 |
| 开 本 | 710 毫米 ×1000 毫米　　16 开 |
| | 10 印张　　106 千字 |
| 版 次 | 2015 年 7 月第 1 版 |
| | 2023 年 1 月第 2 次印刷 |
| 书 号 | ISBN 978-7-5125-0794-4 |
| 定 价 | 39.00 元 |

国际文化出版公司
北京朝阳区东土城路乙 9 号　　邮编：100013
总编室：（010）64271551　　传真：（010）64271578
销售热线：（010）64271187
传真：（010）64271187-800
E-mail：icpc@95777.sina.net

# 目录
## CONTENTS

前　言

## 探秘宇宙

# 飞来的太阳"喷嚏"

# 走近中国的北斗

# 苍穹飞吻
## ——认识中国的"太空家园"

# 前　言
## 搭建平台，促进科学与社会的衔接

培根曾指出，知识的力量不仅取决于其自身的价值，更取决于它是否被传播以及被传播的深度与广度。而这种知识的传播需要借助一定的媒介渠道。加拿大传播学者麦克卢汉对传播媒介在人类社会发展中的地位和作用的高度概括"媒介即讯息"也明确地表述了真正有意义的讯息并不是各个时代的媒介所提示给人们的内容，而是媒介本身。媒介在传播中的重要性不言而喻。

2010 年开展的第八次中国公民科学素养调查结果显示，公民对获取科技发展信息的主要渠道选择最多的是电视（87.5%）和报纸（59.1%），进入新媒体时代后，传播渠道被极大地扩展，并逐渐地改变了公众获取科技信息的渠道和方式，2013 年《科学》刊载的一篇文章指出，90% 的互联网用户通过搜索引擎获取信息，同时 60% 的公众把网络作为其获取科技信息的主要渠道。国内的情况大抵也与此类似。第三十五次《中国互联网络发展状况统计报告》显示，截至 2014 年 12 月，中国网民规模达 6.49 亿，其中，手机网民规模 5.57 亿，互联网普及率达到 47.9%。

而在科学传播中，传播者本身即科学家同样重要，科学家是信源，是"第一发球员"，没有了科学家，科学传播就会成为无源之水、无本之木；而作为"二传手"的科学新闻记者如何看到或者找到科学家发出的"球"至关重要。只有"发球"和"传球"衔接到位，科学传播才能更好地发挥作用。

　　以自然科学家作为消息来源的报道，在新闻媒体上占的比例较低，例如全社会为之轰动的奶粉三聚氰胺事件发生时，在公共网络论坛上，自然科学家作为消息来源的竟然为0。在这些社会热点和焦点事件中，科学共同体一直处于失语的状态，因而科学共同体也错失了利用这些热点和焦点问题开展科普的契机。

　　针对这种情况，中国科协主席韩启德院士在2010年科协年会提出要"结合社会热点焦点问题开展科普活动"，2011年由中国科协科普部、调宣部主办，中国科普研究所联合相关单位承办"科学家与媒体面对面"系列活动。活动针对当下社会热点或焦点事件确定主题，邀请相关领域2～4位专家与30多家媒体面对面交流，在平等活泼、轻松自然的氛围下，探讨社会热点或焦点事件中的问题，发出科学共同体的理性声音，引导社会舆论。

　　截至2014年底为止，科学家与媒体面对面活动共举办49期，活动的主题大体上可以分为三类：首先，满足重大科技项目的科普需求（比如北斗卫星导航系统，天宫一号与神九对接等）；其次，突发事件和社会热点焦点议题（比如日本福岛核辐射，德国大肠杆菌等）；第三，民生话题（比如食品安全，极端天气等）。这些活动搭建了"共同体"内的科学家与科学新闻记者进行交流的平台，一方面为科学新闻记者提供了大量的科学素材，还就某一话题将众多一线科学家聚集起来为媒体答疑解惑，弥补了媒体难以同时采访到众多专家的不足，提高了媒体对于社会热点焦点问题背后科学内涵的深刻理解；另一方面，提高科技工作者与媒体沟通的水平，从而更好地面向公众开展科学传播。这既是一项平台搭建的工作，又是促进科学与社会融合的努力。

总体来看"科学家与媒体面对面"活动在公众和科学共同体中引起了强烈的反响，49 期活动共产生近 3600 篇新闻报道（包括网络转载）。其中原创性报道近 800 篇，对科学家与媒体面对面活动进行报道的新闻媒体（包括转载媒体）近 600 家，其中包括《人民日报》《科技日报》《光明日报》《工人日报》等主流媒体以及各大门户网站和主流媒体网站。

四年来共有 206 位科学家参与活动，每期活动举办前，参加活动的科学家还会对"科学家与媒体面对面"活动提出自己的寄语，共有 117 位科学家为活动题词，表现出科学家群体对活动品牌的认可，同时也体现出科学家们身体力行地开展科普活动的态势，表达了科学家群体呼吁更多人关注"科学家与媒体面对面"活动，通过该平台及时准确地传播科学的声音。

为了整合"科学家与媒体面对面"系列活动中产生的具有普适价值的素材和材料，我们对历次活动进行了梳理和总结，并在结合专家发言速录稿的基础上对相关话题进行了扩充和丰富，以便全面地展现各个话题相关的科普知识，同时还兼顾到科学方法、科学态度和科学精神的层面，以期将活动所产生的资源最大化地利用和传播。这也是我们编辑这两册科普图书的初衷，在此我们对参与该系列活动的各位院士、专家表示由衷的感谢，正是有了科学家的身体力行，才有了"科学家与媒体面对面"系列活动的持续发展，并能够取得较好的口碑。

　　"科学家与媒体面对面"系列活动涉及到的话题领域十分广泛，难免挂一漏万，因而我们尽量选择贴近公众日常生活的话题，让读者切身地感受到科学就在身边，让科普更接地气。此外，正是因为该系列活动的话题"上天入地"，领域广泛，很多都超越了本书编者所接触的专业领域，因而书中难免有疏漏之处，我们自知学有不逮，力不从心，热忱地欢迎各界读者提出批评和建议。

编者

2015 年 1 月

探秘宇宙

# 探秘宇宙

很多朋友尤其是小朋友，对于神秘宇宙的接触首先是从奥特曼开始的，还有《变形金刚》《星球大战》。神秘的宇宙究竟蕴藏着哪些奥秘？如何探索宇宙的奥秘？什么是暗能量和暗物质？中国天文学的研究现状及未来前景如何？让我们带着这些问题，与科学家共同探秘宇宙。

## · 撷英导读 ·

宇宙的加速膨胀是怎么回事？宇宙中的神秘"暗能量"是什么？它又有着怎样的"前世今生"？想得到这些问题的答案，就要对宇宙进行观测。通过对宇宙的观测，人们可以从宏观上了解它，也可以进行局部描述，通过采用一系列技术手段来揭开宇宙的神秘面纱……

# "和谐的宇宙"

通过对宇宙的观测，人们可以了解到整个宇宙非常大，可以进行特写，也可以进一步看到银河系，再进一步看到太阳系，一直看到地球……人们可以看到整个宇宙非常美，总体来说非常和谐。但也有一些不和谐的地方，这是人类对宇宙或者暗能量更深入的一个思考。

"宇宙"的英文单词是"cosmos"，"cosmos"的原意是"和谐、秩序"，人们在造这个词时，是寄希望于宇宙是和谐的、有秩序的。甚至有一些科学家认为它是一个充满诗意的、非常优美的词。

宇宙要遵从两条原理：其一是天平原理或者平衡原理，宇宙实际就是

绚丽的宇宙

吸引力和排斥力两种力的平衡，如果不平衡，就相当于天平倾斜了一端；其二是能量守恒，宇宙学在这个整体理论之下，任何系统都处于这两方面的支配。

宇宙一角

在爱因斯坦时代，人们还不知道宇宙在膨胀，只知道宇宙有吸引力。爱因斯坦认为宇宙应该是和谐的，而且是平衡的、静止的和谐，所以他加了一个常数，也就是说只有吸引力是不行的，必须有排斥力。但是爱因斯坦不懂科学发展观，也就是说宇宙不单是和谐的，还是动态的和谐，需要演化和进化。如果宇宙出现一些不和谐的地方，就有可能发生一些巨大的事件，比如星系碰撞，到那时就会使人类遭受到灭顶之灾。另外还有超新星爆发，太阳系发生的一些不和谐的事件（小行星撞地球）。

人们看到了很多地球不和谐的情形，比如地震、海啸、雪崩，这是局部的不和谐。地球还没有到达平衡偏离得太厉害的程度，如果到达那个程度，地球就会终结，这一天终究会到来的。

任何一个不和谐出现以后，就需要调节它的不和谐，用时下流行的一个词儿就是"摆平"。怎么摆平？或者给予经济补偿，或者找一些职位更高

和谐的宇宙

的人进行调节，这些都需要输入一些能量。如果不平衡，人们必须采取一些措施，使其平衡。所以，人们期待宇宙是和谐的。

## 趣味连连看

# 古人的宇宙概念

　　远古时代，人们对宇宙结构的认识处于十分幼稚的状态，他们通常按照自己的生活环境进行推测。

　　在中国西周时期，生活在华夏大地上的人们提出了早期"盖天说"（"天圆地方说"），认

中国的"天圆地方说"

为天穹像一口锅，倒扣在平坦的大地上。后来又发展为后期"盖天说"，认为大地的形状是拱形的。

　　公元前7世纪，巴比伦人认为，天和地都是拱形的，大地被海洋所环绕，中央则是高山。古埃及人把宇宙想像成以天为盒盖、大地为盒底的大盒子，大地的中央则是尼罗河。古印度人想像圆盘形的大地负在几只大象上，而象则站在巨大的龟背上。

探秘宇宙

公元前7世纪末，古希腊的泰勒斯认为，大地是浮在水面上的巨大圆盘，上面笼罩着拱形的天穹。也有一些人认为，地球是一只龟上的一片甲板，而龟则站在一个托着一个又一个的龟塔上……

# 加速膨胀中的宇宙

秋日晴夜，万里无云，星星闪烁着红色的、蓝色的或白色的光芒，像是在向人们眨着眼睛。偶尔有一颗流星划过夜空，留下一条长长的光迹。人们躺在草地上仰望星空，不禁心驰神往、遐思万里：这天空，这宇宙，多么深邃，多么奇妙！它究竟是什么样子的？又是怎么来的？它到底有多大？它有起始吗？

## 宇宙的起源

宇宙是如何起源的？空间和时间的本质是什么？这是从二千多年前的古代哲学家到现代的天文学家一直都在苦苦思索的问题。直至二十世纪，有两种"宇宙模型"比较有影响：一是稳态理论，另一是大爆炸理论。

学术界影响较大的"大爆炸宇宙论"是 1927 年由比利时天主教神

父、数学家勒梅特（Georges Le Mître）提出的，他认为最初宇宙的物质集中在一个超原子的"宇宙蛋"里，大约在50亿年以前，宇宙所有的物质都高度密集在一点，有着极高的温度，因而发生了巨大的爆炸。大爆炸以后，物质开始向外大膨胀，就形成了今天我们看到的宇宙。大爆

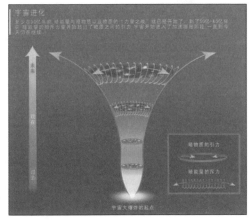

宇宙的进化

炸的整个过程是复杂的，现在只能从理论研究的基础上描绘过去远古的宇宙发展史。在这150亿年中先后诞生了星系团、星系，如银河系、恒星、太阳系、行星、卫星等。现在我们看见的和看不见的一切天体和宇宙物质，形成了当今的宇宙形态，人类就是在这一宇宙演变中诞生的。

附："科学家与媒体面对面"问答摘录

中央人民广播电台记者：宇宙是无限大、无穷无尽的，说起来很神秘，也很恐怖，因为谁也说不到尽头。科学家研究宇宙现在是这个样子的，宇宙大爆炸之前又是什么样的？在那之前宇宙存在吗？请 Brian Schmidt 先生回答一下。

Brian Schmidt：宇宙大爆炸之前是什么样的，这是我们不知道答案的问题。有些人猜想，也许宇宙是很多宇宙当中的一个，这些宇宙有的出现，有的又消失。我是一位做观测的人，我只相信我能够用来检验的东西，所以我不知道是否以后有可能回答这个问题，也就是说没有答案。

宇宙在客观上是非常大的，但是人类现在能看到的宇宙是有限的。当人们取最远的照片时，看到的是137亿年前的宇宙。人们看到的不是恒星或者星系，而是宇宙当中的氢和氦，像太阳一样发出光。在那之前，是大爆炸，那个时候，时间才开始。

宇宙起源的问题有点像这个古老的问题：是先有鸡呢，还是先有蛋？换句话说，就是何物创生宇宙，又是何物创生该物呢？也许宇宙，或者创生它的东西已经存在了无限久的时间，并不需要被创生。直到不久之前，科学家们还一直试图回避这样的问题，觉得它们与其说是属于科学，不如说是属于形而上学或宗教的问题。然而，人们在过去几年发现，科学定律甚至在宇宙的开端也是成立的。在那种情形下，宇宙可以是自足的，并由科学定律所完全确定。

关于宇宙如何起始的争论贯穿了整个记载历史，基本上存在两个思想学派。许多早期的传统，以及犹太教、基督教和伊斯兰教认为宇宙是相当近的过去创生的（17世纪时邬谢尔主教算出宇宙诞生的日期是公元前4004年，这个数据是由把在旧约圣经中人物的年龄加起来而得到的）。

事实上，圣经的创世日期和上次冰河结束期相差不多，而这似乎正是现代人类首次出现的时候。另一方面，还有诸如希腊哲学家亚里士多德等一些人，他们不喜欢宇宙有个

太阳系

开端的思想。他们觉得这意味着神意的干涉。他们宁愿相信宇宙已经存在了并将继续存在无限久。某种不朽的东西比某种必须被创生的东西更加完美。他们对上述有关人类进步的诘难的回答是：周期性洪水或者其他自然灾难重复地使人类回到起始状态。

# 宇宙在加速膨胀

宇宙中天体间的距离非常大，如果以最常见的千米为单位计算非常麻烦，以光年为单位计算就容易多了。光在真空中一年所经过的距离称为一个光年。光每秒传播 30 万千米，可以绕地球 7.5 圈，月球上发出的光在 1.5 秒以后才能传到地球，当阿姆斯特朗登月的时候，人们看到他是在 1.5 秒钟之后。太阳比月球要大很多，光要 5 秒钟才能穿过它的直径。太阳看起来小，是因为它非常远，太阳光需要传播 8 分钟才能到达地球。

太阳只是宇宙当中的一颗恒星，除太阳之外，离地球最近的恒星是半人马座 α 星，距地球有 4.3 光年。太阳只是千亿颗恒星中的一个，这些恒星构成了银河系。仙女座星系是距离人类很可能最近的星系，大概有 220 万光年。每个星系可能都和银河系一样，有上千亿颗恒星。

在一个膨胀的宇宙当中，像哈勃

**绚丽的宇宙**

**走近科学家**

Brian Schmidt（布莱恩·施密特），澳大利亚国立大学（ANU）斯特朗洛山天文台（Mount Stromlo Observatory）天文学家，高红移超新星搜寻小组领导者，特聘教授。出生于美国，拥有美、澳双重国籍，长年定居于澳大利亚首都特区堪培拉。斯密特专注于研究、观测超新星，是澳大利亚科学院（AAS）院士、澳大利亚研究委员会（ARC）桂冠会员。2011年，斯密特与亚当·里斯平分诺贝尔物理学奖一半奖金，另一半奖金由萨尔·波尔马特获得，以表扬他们"透过观测遥远超新星而发现宇宙加速膨胀"。曾获得2006年邵逸夫天文学奖，2007年Gruber宇宙学奖。

观测到的一样，离人们越远的天体，膨胀的速度越快。任何一个观测者看到的都一样。我们靠爱因斯坦的广义相对论来理解这个问题，爱因斯坦的广义相对论认为受到引力和加速这两者是等效的。也就是说，如果你在一个盒子里，测到的重力加速度可能是来自地球，也有可能是因为这个盒子在火箭当中被加速，你没有办法区分这两种效应。爱因斯坦用了八年多的时间探索这个想法，最后推导出了他的广义相对论，这个理论预言时空是弯曲的。

是什么在推动宇宙加速膨胀？其实，可能爱因斯坦所说的"最大的错误"是人们最伟大的发现，他引入的常数项可能表示了宇宙当中一些基本的材料。在过去十多年里，很多人都用了不同的方法进行了这样的观测，但是他们都获得了同样的结果，也就是被人们叫做暗能量的东西，它推动宇宙加速膨胀并构成了宇宙当中73%的部分，剩下产生引力的部分是27%。但是即使在这27%当中，大部分也都是一些神秘的东西，其中22.5%是人们称为暗物质的东西，人们看到它产生了引力，但没有办法用望远镜看到。组成地球的包括人体的这些普通的重子物质，只占了 4.5%。

在过去数年中，各方面独立观测得到的结果，证实了宇宙加速膨胀的正确性，这包括宇宙微波背景辐射、宇宙的大尺度结构、宇宙的年龄、对于超新星更精确的观测量、星系团（galaxy cluster）的 X 射线性质。

随着宇宙膨胀，暗物质的密度会比暗能量的密度减低更快。最终结果是暗能量会成为主控因素。在宇宙常数模型里，暗能量已经主控了物质的质能（包括暗能量），而宇宙膨胀大约是时间的指数函数。根据这一模型，在未来，膨胀的标度因子加倍时间大约为114 亿年。

太空望远镜的视角

## 趣味连连看

## 宇宙的概念

宇宙是由空间、时间、物质和能量所构成的统一体，是一切空间和时间的总和。一般理解的宇宙是指我们所存在的一个时空连续系统，包括其间的所有物质、能量和事件。对于这一体系的整体解释构成了宇宙论。近数世纪以来，科学家根据现代物理学和天文学，建立了关于宇宙的现代科学理论，称为物理宇宙学。根据相对论，信息的传播速度有限，所以在某些情况下，例如在发生宇宙膨胀的情况下，距离非常遥远的区域中我们将只能收到一小部分区域的信息，其他部分的信息将永远无法传播到我们的区域。可以被我们观测到的时空部分称为"可观测宇宙""可见宇宙"或"我们的宇宙"。应该强调的是，这是由于时空本身的结构造成的，与我们所用的观测设备没有关系。宇宙大约是由4.9%的普通物质（包括我们人类和地球）、26.8%的暗物质和68.3%的暗能量构成。

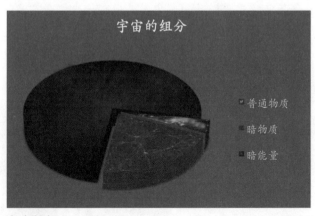

宇宙的组分

# 宇宙中的神秘暗能量

美国《科学》杂志（*Science*）在 2010 年评选了十大科学成就，精确宇宙学已经排在十大科技突破的第二位，在整个宇宙学当中占的位置非常重要。精确宇宙学是一个什么概念？为什么现在宇宙学发展到了精确宇宙学的程度？

如果眼力好，人们在傍晚的时候可以用肉眼借助哈勃望远镜观测宇宙，它对宇宙有非常精确的观测。所以人们对宇宙学的参数有了一个误差非常小的测量，在本世纪初，宇宙学时代已经进入到了精确宇宙学时代。

就像 20 世纪初，物理学

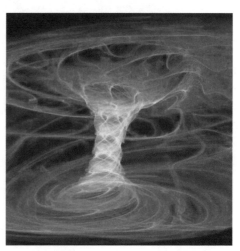

暗物质的描述

大厦建立之后，很多人认为没有什么可做的东西，但是天文学里面，或者说宇宙学里面，存在好几个领域，一直都被关注、研究，这就是关于"暗宇宙"的主题。人们所知道的暗物质、暗能量和黑暗时代，这三个领域是本世纪天文学里非常热的、非常有意思的三个研究领域。

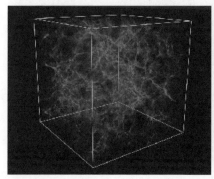

暗物质的存在

探索暗物质

## 宇宙的演化

黑暗时代不是一种物质或者能量，是一个时期，相当于冰河期，这是宇宙在很早的时候经历过的一个时代，人们不清楚这个时代里面的物质是什么，但是经过这个时代以后就形成了第一代恒星，逐渐形成了人们现在看到的宇宙，这是非常神秘的一个时代，至今还不被人类所熟知。

要想了解宇宙的性质或者宇宙的演化，首先要了解其组成部分，人们所了解的宇宙的组成部分，只占了很小的一部分，就是人们所谓的"正常物质"，可以通过电磁波直接看到发出的辐射，更通俗一些就是我们在初中学习过的一些元素组成的物质，这些正常物质占的量非常小，只占了总量的4%或者5%，另外27%左右就是暗物质。我们周

宇宙一角

围都有暗物质，暗物质无处不在，但是人们却很难感受到它，因为它非常奇特，除了引力作用，它不与其他物质发生作用。

第三部分就是暗能量，这部分占的比重非常大，约占70%。如果把这三类成分做成一个大的分类，用中国太极图来表示，按照吸引力和排斥力来分类，暗能量是排斥力，正常物质和暗物质是吸引力。宇宙就是在这些物质作用下进行演化，没有这些物质作用，人们就无法研究宇宙演化方向。可以认为宇宙就是在这种吸引力和排斥力两种力的相互抗衡之下进行演化，暗物质和正常物质是吸引力，把宇宙拉过来。排斥力正好是相反的，宇宙就是在这两种力量作用下进行它的演化。这是非常有趣的，在2011

### 走近科学家

张同杰，1999年中科院上海天文台攻读天体物理学获得博士学位，现任北京师范大学天文系教授、博士生导师、天体物理教研室主任，2007年度教育部新世纪人才获得者，国际天文联合会（IAU）宇宙学分会会员，加拿大理论天体物理所（CITA）（多伦多大学）访问学者，美国亚利桑那大学物理系和天文系访问合作与博士后研究。

年有三位科学家因此获得诺贝尔奖，他们首次发现暗能量的时候，发表了很多文章。

## 暗能量

在物理宇宙学中，暗能量是一种充溢空间的、增加宇宙膨胀速度的难以察觉的能量形式。暗能量假说是当今对宇宙加速膨胀的观测结果解释中最为流行的一种。

对大尺度宇宙结构（比如星系团等）的研究，或许能为暗能量提供新的线索。一旦暗能量存在的话，星系团的形成过程可能要更慢一些，因为引力需要先克服这种斥力。

目前，一个空间探测计划斯隆数字巡天（SDSS）已经完成了第一阶段为期五年的运行，一旦全部完成之后，这一足以覆盖四分之一天空的精细光学成像设备，无疑将披露更多的细节。

中国科学家也正在试图利用北京附近新上马的LAMOST（大天区面积多目标光纤光谱望远镜）来观测超新星，从而探索在中国首次进行暗能量实验研究的可能性。而利用伽马暴（超大质量星体爆发而形成的宇宙高能辐射），也许将为进一步研究更早期的暗能量提供间接手段。

了解了宇宙，我们可以看到宇宙的整体演化过程，实际经历了大爆炸，又经历了黑暗时代之后，第一代恒星和第一代星系形成，一直到现在，宇宙经历了漫长的137亿年的历史。纵观宇宙的演化历史，在学到了宇宙历史演化的理论后，人们不禁要思考一下，从宇宙演化历史或者从宇宙学，再进一步从暗能量中，人们能够了解到什么东西？

其实也就是这两个问题：第一个问题，暗能量到底能做什么？当然，也有一些天文学家说，暗能量能够解决国家的能源问题，但依照目前的科学技术水平，可以明确地说，还是没有办法解决的。目前，暗能量对现实生活的作用微乎其微；第二个问题，我们从中可以学到什么道理？这也是人类关注的问题。

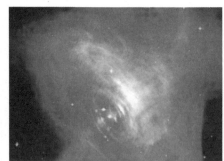
暗能量

宇宙膨胀中的暗能量

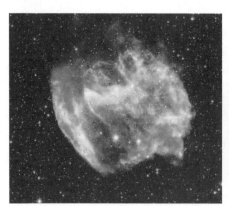
超级暗能量

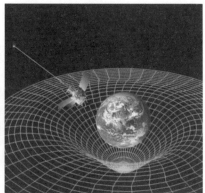
暗能量推动多元宇宙

# 宇宙中的黑洞

黑洞（black hole）是现代广义相对论中，宇宙空间内存在的一种超高密度天体，由于类似热力学上完全不反射光线的黑体，故名为黑洞。

黑洞是时空曲率大到光都无法从其视界逃脱的天体。黑洞是由质量足够大的恒星在核聚变反应的燃料耗尽而"死亡"后，发生引力坍缩产生的。黑洞的质量极其巨大，而体积却十分微小，它产生的引力场极为强劲，以至于任何物质和辐射在进入到黑洞的一个事件视界（临界）内，便再无力逃脱，甚至目前已知的传播速度最快的光（电磁波）也逃逸不出。

黑洞无法直接观测，但可以借由间接方式得知其存在与质量，并且观测到它对其他事物的影响。借由物体被吸入之前的因高热而放出紫外线和X射线的"边缘信息"，可以获取黑洞存在的信息。推测出黑洞的存在也可借由间接观测恒星或星际云气团绕行黑洞轨迹，来取得位置以及质量。

膨胀中的黑洞形象

# 探索暗能量的"今生来世"

　　暗能量到底是什么？可不可以观测得到？要想解答这些问题，我们需要探索一下暗能量的"今生来世"。

## 暗能量的"今生来世"

　　暗能量的发现过程，极具戏剧性。按照宇宙大爆炸理论，在大爆炸发生之后，随着时间的推移，宇宙的膨胀速度将因为物质之间的引力作用而逐渐减慢，就像缓慢踩了刹车的汽车一样。也就是说，距离地球相对遥远的星系，其膨胀速度应该比那些近的星系慢一些。但在1998年，美国加州大学伯克利分校（UC Berkeley）物理学伯克利国家实验室（LBNL）高级科学家萨尔·波尔马特（Saul Perlmutter），以及澳大利亚国立大学布莱恩·施密特（Brian Schmidt）分别领导的两个小组，通过观测发现，那些遥远的星系正在以越来越快的速度远离我们。换句话说，宇宙是在加速膨胀，仿佛一辆不断踩油门的汽车，而不是像此前科学家

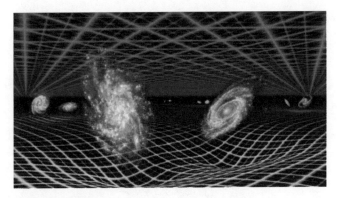

**神秘的暗能量**

所预测的那样处于减速膨胀状态。

这样一个完全出乎意料的观测结果，从根本上动摇了对宇宙的传统理解。那么到底是什么样的力量，在促使所有的星系或者其他物质加速远离呢？科学家们将这种与引力相反的斥力来源，称为"暗能量"。但"暗能量"到底意味着什么？

至今我们能够给出的，只是一个十分粗略的宇宙结构"金字塔图景"：我们所熟悉的世界，即由普通的原子构成的一草一木、山河星月，仅占整个宇宙的4%—5%，相当于金字塔顶的那一块。

剩下的27%，则为暗物质。这种物质由仍然未知的粒子构成，它们不参与电磁作用，无法用肉眼看到，但其和普通物质一样，参与引力作用，因此仍可探测到。

**走近科学家**

陈学雷，博士，博士生导师，中国科学院国家天文台宇宙暗物质暗能量团组首席研究员，星系宇宙学部副主任。从事暗物质、暗能量、星系大尺度结构等宇宙学研究，1999年哥伦比亚大学博士毕业，2005年入选中科院百人计划，获国家杰出青年科学基金，已发表论文60余篇，主持863项目暗能量射电探测（天籁计划）关键技术研究。

探秘宇宙

作为塔基的 70% 左右，则由最为神秘的暗能量构成。它无处不在，无时不在，由于我们对其性质知之甚少，所以科学家还不清楚如何在实验室中验证其存在。唯一的手段，仍然是通过天文观测这种间接手段来了解其奥秘。

## 趣味连连看

# 美国制成"人造黑洞"

2005 年 3 月，美国布朗大学物理教授霍拉蒂·纳斯塔西在地球上制造出了第一个"人造黑洞"。美国纽约布鲁克海文国家实验室 1998 年建造了 20 世纪全球最大的粒子加速器，将金离子以接近光速对撞而制造出高密度物质。虽然这个黑洞体积很小，却具备真正黑洞的许多特点。纽约布鲁克海文国家实验室里的相对重离子碰撞机，可以以接近光速的速度把大型原子的核子（如金原子核子）相互碰撞，产生相当于太阳表面温度 3 亿倍的热能。纳斯塔西在纽约布鲁克海文国家实验室里利用原子撞击原理制造出来的灼热火球，具备天体黑洞的显著特性。比如：火球可以将周围 10 倍于自身质量的粒子吸收，这比所有量力物理学所推测的火球可吸收的粒子数目还要多。

人造黑洞的设想最初由加拿大不列颠哥伦比亚大学的威廉·昂鲁教授在20世纪80年代提出，他认为声波在流体中的表现与光在黑洞中的表现非常相似，如果使流体的速度超过声速，那么事实上就已经在该流体中建立了一个人造黑洞。然而，利昂·哈特博士打算制造的人造黑洞由于缺乏足够的引力，除了光线外，它们无法像真正的黑洞那样"吞下周围的所有东西"。然而，纳斯塔西教授制造的人造黑洞已经可以吸收某些其他物质。因此，这被认为是黑洞研究领域的重大突破。

# "搜寻"暗能量

对 Ia 类型超新星（supernova）的爆炸进行观测，是目前最主要的观测手段。这种超新星是由双星系统中的白矮星（White Dwarf）爆炸形成的，亮度几乎恒定。这样，通过测量其亮度，就可以知道其和地球之间的距离，进而了解其速度。借助哈勃这样灵敏的天文仪器的帮助，我们至少可以观测到 90 亿光年之外，即了解宇宙在 90 亿年前的信息。

在大爆炸后的初期，宇宙经历了一个急速膨胀阶段。此后，由于暗物质以及物质之间的距离非常接近，在引力作用下，宇宙的膨胀速度开始减速。然而，至少在 90 亿年前，宇宙中另外一种力量——暗能量已经出现，并且开始逐步抵消引力作用。随着宇宙的膨胀，不断增长的暗能量终于在大约 50 亿至 60 亿年前超越引力。此后，宇宙从减速膨胀，转变为加速膨胀状态，并且一直持续至今。

《科技导报》记者：我有一个问题是关于标准烛光的，我知道你们的研究团队是用 Ia 型超新星作为标准烛光的，但是也有很多因素会使 Ia 型超新星偏离标准烛光，请问一下是怎么处理这个问题的？

王力帆：你刚才问的这个问题，用的是 Ia 型超新星，从物理机制来说，它是通过白矮星爆炸形成的，白矮星是一个恒星演化到后来的阶段，它有一个特点，就是只有到一定的质量才会爆炸，所以整个亮度都是非常稳定、均匀的，然后才有一些其他的问题，刚才 Brian Schmidt 教授已经解释过了，在这个基础上，其他的物理过程也会发生，有的会亮一些，有的可以暗一些，这些都是可以改正的。

从现在的科学发展水平理解来看，暗能量好像是一种跟引力相反的力，或者说是斥力，在推动宇宙加速膨胀，到底是不是这样的？其实人类现在获得的信息比较少。

对于暗物质的观测，除了利用超新星的手段，还有另外一种观测手段，叫"重子声学振荡"，名称听起来比较神秘，因为重子这个词儿生活当中不常用，实际说的就是通常的声波。在早期的宇宙当中，宇宙经历高温的时期，那个时候发出的光，通常被人们称之为宇宙微波背景辐射。在那个时期，宇宙微波背景辐射有一些不均匀，这种不均匀来自宇宙早期的声波，这个声波可以影响宇宙的演化。

如果把星系的分布进行比较精密的测量，人们会发现这当中有一些声波振荡的特征。由于这个振荡的特征，人们可以看到一些声波谱，这是早期宇宙大爆炸的声波谱，当时有一些波纹留下的振荡的痕迹。这些振荡的痕迹有一些特定的尺度，我们可以精确的测量出来，这是另外一个不使用超新星而去探测的原理。

我国开始建设的 500 米口径的射电望远镜 FAST 以及国际上目前还在论证的平方千米阵（SKA），这些均可以用来探测暗能量。中国目前有一个 "天籁计划"，宇宙早期的声波与古代庄子的名词 "天籁" 有很大相似之处，因此人们希望建设一个射电阵列，能够精确探测声波振荡的特征，研究暗能量。

## 趣味连连看

## "大撕裂" 理论

据英国《每日邮报》报道，如果神秘暗能量撕碎宇宙，科学家最新提供的一份世界末日时间表能预测显示宇宙将发生怎样的变化：地球将从太阳系剥离，最终发生宇宙爆炸。

暗能量被认为占据宇宙70%左右的成分，物理学家探索一种叫做"宇宙大撕裂"的理论，该理论认为暗能量最终将摧毁宇宙。

　　科学家声称，在世界末日来临的前两个月，地球将从太阳系剥离，在此5天之前月球脱离地球引力束缚。在时间终止前28分钟，太阳将被摧毁，在时间终止前16分钟，世界末日这个黑暗世界末日预测是依据中国理论物理学家探索的一种潜在"暗能量"理论提出的，该理论指出神秘的暗能量遍及宇宙各个区域。学术研究将计算推测"未来"的一种可能性，由暗能量引发的世界末日。

　　"宇宙大撕裂"理论认为，暗能量将摧毁宇宙每个区域。这项最新研究预测了未来银河系将遭遇的终结命运。在"宇宙大撕裂"理论中，如果暗能量的压力和密度比值低于$-1$，它们将在有限时间内无限地扩张增长，同时暗能量可以排斥引力作用，这将对宇宙形成负面影响。在宇宙终结之前的3290万年前银河系将产生引力崩溃。令人感到欣慰的消息是，世界末日在遥远的167亿年之后才会出现，人们不必为此担忧。据英国《每日邮报》报道，如果神秘暗能量撕碎宇宙，科学家最新提供的一份世界末日时间表能预测显示宇宙将发生怎样的变化：地球将从太阳系剥离，最终发生宇宙爆炸。

　　暗能量被认为占据宇宙70%的成份，物理学家探索一种叫做"宇宙大撕裂"的理论，该理论认为暗能量最终将摧毁宇宙。

## "得天独厚的观测地"

　　为了寻找暗能量的"蛛丝马迹"，天文学家要找世界上最好的台址做天文观测。最好的观测地点就是在空间做一个望远镜，就像哈勃望远镜一样处于太空。但是不可能所有的望远镜都放在天上，望远镜代替不了所有其他地面的望远镜，在地面去哪里找到一个地方建望远镜？这就需要到地球上特殊的地方。地球上什么地方特殊？这需要满足几个条件，其中比较重要的一个就是必须是很平坦的地方。

　　南极是地球上除了海洋以外最平坦的地方，南极上有大陆，上面冰雪覆盖都是冰，甚至有的地方拥有着两三千米的冰。还有一个重要条件就是要找到一个最冷的地方，天文学家不喜欢温度太高，因为温度太高使地面热得像炉子一样，会影响到观测，所以需要找到很冷的地方。除了以上两个条件，对于选址还要求大气透明，海拔要很高。南极冰雪覆盖，平均海拔 4000 多米。

　　因为南极有一些非常独特的地理优势，是地球上任何其他地方都不能比拟的。但是，人们也知道南极造望远镜是很困难的。首先，大多数望远镜是在人们熟悉的环境下工作的，要造一个望远镜，肯定是在实验室里造，在室温下、常温下工作。但是到了南极，零下六七十度甚至八十度，就不能工作了。所以首先仪器要适应这个环境。

另外，要把这个仪器设法安装在南极比较好的地方去。最早安装的天文设备建成于 2007 年，叫"中国之星"小望远镜，这是由四个小望远镜组成的望远镜，人们称它为 CSTAR。这个望远镜是世界上第一个在最高点上安装的望远镜，在技术上首次取得了一些突破。

**附："科学家与媒体面对面"问答摘录**

《北京晨报》记者：请问王力帆老师，您刚才介绍的有关情况，能不能稍微再详细一下，包括您说的有个最大的望远镜在 2008 年建成，它的主要功能是不是和哈勃望远镜有一个对比？还有其他的 5 米或者 2.5 米的望远镜，这些具体的科学目标是什么？什么时候能建成？还是这些都完成以后，南极天文台才能算是正式建成吗？所有这些建成以后，与国际上的水平对比是怎样的，能不能详细的说一说。

王力帆：我们讲了两个望远镜，一个叫 2.5 米的望远镜，它主要观测的波段是在光学，假如有可能的话，可能会拓展到红外。它的一个很大的特色，就是要用一个非常大的 CCD，就是刚才 Brian Schmidt 教授讲到的探测器要做的非常大，我们还要获得非常高分辨率的图像质量，我们希望获得 0.2、0.3 角秒的图像质量，这比一般其他的台址要好三到四倍，甚至更多。因为成像质量好，所以灵敏度就好，这就是为什么在某些方面和哈勃望远镜比较，哈勃望远镜的分辨率达到了一个极限分辨率，我们在某种程度上在朝着它逼近，要在南极做。

王力帆：另外一个望远镜是 5 米的射电望远镜，因为南极大气特别干燥，没有什么水分在里面，没有水的话，大气就会在太赫兹波段变得透明，会被吸收掉。利用这个，相当于南极为我们提供了一个新的波段和新的窗口，用来观测地球外面的世界。所以，这两个望远镜的功能，特别在波段方面是不一样的。时间上来说，紫金山天文台和其他的天文学家正在争取，很快立项目。一般来说，建造的周期大概是在 5 年左右，究竟什么时候能够建成、用起来，按时间来说因素很复杂，但是一般预期，希望能够在 2020 年以前投入运行。

天文学的每一步进展都是非常重要的。从 2007 年安装第一台小望远镜，到 2011 年安装南极巡天望远镜，中间大概有 4 年的时间。现在紫金山天文台的项目负责人正在推动一个叫南极天文台的项目，这个项目包括几个更大的望远镜。虽然这些望远镜的科学功能不一样，但是它们都有一个非常明确的科学目标，主要是针对一些宇宙学或者附带其他

南极天文台

的天文学内容来做研究。

位处南极的这个望远镜除了可以做超新星的观测以外，还可以观测很暗很暗的天体。另外一种现象，就是引力透镜的现象。很远的星系，光从很远的地方传过来的时候不是走完全的直线过来，为什么不是走直线过来？这就是引力的作用。引力适用于所有的物质，是对空间的一种扭曲。假如一个地方有一个星系，另一个地方也有一个星系，这儿有一个观测的望远镜，假设在这儿观测到一个星系，这个星系要么拉长，要么拉成一个弧形，通过这个形变就可以获得宇宙中一些相关的重要信息。

## 趣味连连看

# 宇宙大爆炸

宇宙大爆炸（简称大爆炸）是描述宇宙诞生初始条件及其后续演化的宇宙学模型，这一模型得到了科学研究和观测最广泛且最精确的支持。宇宙学家所指的宇宙大爆炸观点为：宇宙是在过去有限的时间之前，由一个密度极大且温度极高的太初状态演变而来（根据 2010 年所得到的最佳观测结果，这些初始状态大约存在于 133 亿年至 139 亿年前），并经过不断的膨胀到达今天的状态。

比利时神父、数学家乔治·勒梅特首先提出了关于宇宙起源的大爆炸理论，但他本人将其称作"原生原子的假说"。这一模型的框架是基于爱因斯坦的广义相对论，又在场方程的求解上做出了一定的简化（例如空间的均匀和各向同性）。

"宇宙大爆炸"一词首先是由英国天文学家弗雷德·霍伊尔所采用的。霍伊尔是与大爆炸对立的宇宙学模型——稳恒态理论的倡导者，他在1949年3月BBC的一次广播节目中将勒梅特等人的理论称作"这个大爆炸的观点"。

宇宙大爆炸示意

# 宇宙的未来

　　晴朗的夜空，浩渺的宇宙，看起来是那么神秘、美丽！它的未来会是什么样的呢？

　　宇宙的未来是什么样的？宇宙的未来可能看上去都是暗能量，因为暗能量是构成时空的基本材料，宇宙越膨胀，暗能量就越多。它可以越来越强有力地推动宇宙，使它膨胀得越来越快，这样就造成了更多的暗能量，然后又推动得更多，宇宙的膨胀就越来越快。

附："科学家与媒体面对面"问答摘录

　　《北京晚报》记者：首先请问一下 Brian Schmidt 先生，刚才您讲了宇宙学的过去，我想请问一下宇宙的未来是什么？

　　Brian Schmidt：我们永远不可能百分之百的确定这个答案，但是从目前了解的情况来看，宇宙会持续膨胀下去，远处的星系会离我们越来越远。当然对银河系来说，整个还是在一个星系里头，但是它已经逐渐减少和外面接触的机会，我们的太阳大概还有 50 亿年的寿命。最后我们的宇宙会变得越来越冷，我们看到外面是一片黑暗，什么也看不见，所以宇宙最后就寂静下来了。

最后，宇宙的膨胀是如此之快，以至于从人类现在看到的那些星系发出的光，最后都无法传到人类的眼中。光在传播途中，由于宇宙的膨胀，就停留在空间中了。哈勃望远镜拍到的图片上的一些光，就再也没有办法到达人类这里。但是，当人们彻底理解暗能量究竟是什么之前，任何可能性都是存在的。除非这个暗能量突然消失，否则膨胀就会越来越快，那些星系就会越来越暗，最后就看不到任何星系了。

## 趣味连连看

# 宇宙的相关猜想

宇宙的形状还是未知的，人类在大胆想象。有的人说宇宙其实是一个类似人的这样一种生物的一个小细胞，也有人说宇宙是一种拥有比人类更高智慧的电脑生物所制造出来的一个程序或是一个小小的原件。还有人猜想，宇宙其实就是一个电子，是一个比电子小得多的东西，宇宙根本就不存在，或者宇宙是无形的。也有人猜想，我们的宇宙生活在一个大的空间里，叫做"超空间"。在超空间里，有很多宇宙，而超空间的能量是守恒的，而且非常巨大。每当一个宇宙的能量上升时，它邻近的宇宙的能量就会下降。每一个宇宙的每个地方，能量都不一样，有正能量，也有暗能量，也有没有能量的地方。

# 飞来的太阳 "喷嚏"

近几年地球变暖，自然灾害频发，一个非常显著的场景就是有关太阳活动的爆发，引发了一系列的灾害。带着这一话题，让我们一同走进太阳活动的探究之旅。

· 撷英导读 ·

　　从某种意义上说，太阳的"身体状况"本来就
没有我们想象中的那么健康。作为地球上万物的"生命之
母"，即使它只是打个喷嚏，地球也会感受到一阵寒风，这
让人们很自然地对大规模太阳风暴充满忧虑，毕竟科技发展让
我们的生活更加依赖于那些公共设施……

# 认识太阳

通常说到太阳，在人们心中，总会有这样的概念：它是太阳系中唯一的恒星和会发光的天体，也是生命能量的来源。它的身边围绕着八大行星以及星际尘埃等，非常奇妙，非常美丽。

实际上的太阳和我们平时看到的太阳完全不一样，太阳也不是平板一块。太阳上有风暴，有着各种复杂的结构，由于人类观测能力的限制，有很多细节仍然不是很清楚。

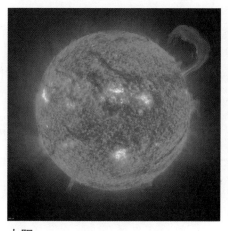

太阳

# 太阳在宇宙中的真实面貌

在普通民众心中，太阳就是一个平板，只是在某些时候太阳上有一些斑点。在科学家眼里，太阳是个大大的磁球。太阳的半径是 70 万千米，相当于地球的 109 倍左右，平均密度只有水的 1.4 倍，其实它只有地球平均密度的 1/4。按科学家现在的估计，太阳的寿命大约有 100 亿年，现在的太阳正处于壮年时期。太阳不同层次的温度变化非常大，从几千度到上千万度的温度都有。

万物生长靠太阳，实际上地球是不能提供能源的，地球上所有的能源都来自于太阳。太阳是太阳系中唯一会发光的恒星，是太阳系的中心天体。太阳系质量的 99.86% 都集中在太阳，太阳系中的八大行星、小行星、流星、彗星、外海王星天体以及星际尘埃等，都围绕着太阳运行（公转）。太阳功率非常大，它的量级是 $10^{26}$ 瓦特，这是一个怎样的概念呢？有人算过，就是每秒钟太阳的能量如果供中国人用电的话，大概可以用 100 万年的时间，足可见这是非常大的。

太阳只是宇宙中一颗十分普通的恒星，但它却是太阳系的中心天体。太阳系中，包括地球在内的八大行星、一些矮行星、彗星和其他无数的太阳系小天体，都在太阳的强大引力作用下环绕太阳运行。太阳系的疆域庞大，仅以冥王星为例，其运行轨道距离太阳就将近 40 个天文单位，也就是 60 亿千米之遥远，而实际上太阳系的范围还要数十倍于此。

但是这样一个庞大的太阳系家族，在银河系中却仅仅只是普通的沧海一粟。银河系拥有至少 1000 亿颗以上的恒星，直径约 10 万光年。太阳位于银道面之北的猎户座旋臂上，距离银河系中心约 3 万光年，在银道面以北约 26 光年，它一方面绕着银心以每秒 250 千米的速度旋转，周期大概是 2.5 亿年，另一方面又相对于周围恒星以每秒 19.7 千里的速度朝着织女星附近方向运动。太阳也在自转，其周期在日面赤道带约 25 天，两极区约为 35 天。

在距离地球 17 光年的范围内有 50 个恒星系（最接近的一颗是红矮星，被称为比邻星，距太阳大约 4.2 光年），太阳的质量在这些恒星中排在第四。

太阳在距离银河系中心 2.4 万至 2.6 万光年的距离上绕着银河公转，从银河北极鸟瞰，太阳沿顺时针轨道运行，大约 2.25 万亿至 2.5 万亿年绕行一周。

地球到太阳的距离大约是 1.5 亿千米，如果以光的速度行走的话，大约需要 8 分钟的时间。1.5 亿千米，在天文学上，我们也把日地距离定义成一个大的距离单位，叫天文单位。众所周知，太阳是银河系中一

太阳系中的太阳

颗普通的恒星，它离银河系中心的距离大约是 3 万光年，光年是天文学上另一个更大的单位，是指光在一年中所走的距离。由于太阳离银河系中心很远，所以它绕银河系中心旋转一周大约需要 2 亿年的时间，最重要的一点，它的速度非常快，每秒 220 千米。

## 太阳的构成

太阳的成分，氢大约占 71%，氦占 27%，另外还有碳、氮、氧，还有各种金属。请注意，因为太阳内部不停地进行核反应，不停的消耗氢，然后产生氦，所以只能说现在太阳的成分是这个样子的。

太阳和地球一样也是分成不同的层次，大致可以分成六个层次，可以简单地划分为太阳的内部和太阳的外部。太阳内部有三个层次，首先是太阳的核反应区，提供了太阳所有的能量以及地球上所需要的所有能量。目前太阳内部的温度大约是 1500 万度左右，主要进行氢变成氦的反应，太阳的寿命也是根据太阳提供的氢变成氦的核聚变反应来计算的。今天人们所讲的太阳活动、太阳风暴，相对于处在壮年时期的太阳来说是微不足道的。

第二个层次是辐射区，它的温度大概是 700 万度左右。顾名思义，辐射区是靠辐射来交换能量，它是能量交换的一种形式，就像老式的保温瓶一样，辐射交换能量是非常慢的。太阳内部核反应的能量要想穿过辐射区的话，需要约两百万年的时间。人们今天接受的太阳光应该是两百万年以前在太阳内部产生的。

第三个层次是对流区，也是能量交换的一种形式。比如把一壶水烧开了，不停的冒泡，这就是对流，热空气上升，冷空气下降。对流和辐射不太一样，对流比较剧烈，另外它比较无序。通常我们所说的对流区，就是开了锅的一个太阳，是我们今天的太阳所有活动的发源地，它的温度大约是两百万度。

　　太阳除了有三个内部层次以外，还有三个外部层次。比较遗憾，太阳的内部结构到现在人们都没有办法观测，只能观测到太阳外部的三个层次。

　　首先是光球层，就是人眼可以看到的光。人眼感受到的光有 99% 以上是来自于光球层，光球上也并非就像人们眼中所看见的平板一块。其实，太阳的结构非常丰富，光球层的温度在太阳上相对来说比较低，大约有 5000 度左右。光球层最明显的特征是太阳黑子，它有两个特点，一个是在太阳上温度最低的地方，另外是磁场最强的地方。黑子也一样，同样也是有演化，太阳的活动现象和对流区的作用使得黑子不停地发生变化。

　　第二个层次叫做色球层。人眼不太能感觉到色球，人们只有不到 1% 肉眼感觉到的光是来自于色球，但是它淹没在光球里面。最早发现色球层是人们在观测日全食的时候，看见靠近太阳边缘的地方有一层橘红色的层次，所以把它定义成色球，它的温度从几千度到几万度不等。色球层也有一些典型的特征，最被人们所熟知的一个是日珥，长得像太阳的耳朵，一个叫暗条。其实日珥和暗条是一回事，只是不同的表象罢了。当日珥位于太阳边缘的时候，因为相对于背景来说它已经很亮了，所以人们看起来它是亮的。太阳有自转，和地球一样，当日珥随着太阳自转转到太阳面上的时候，它就比背景弱了很多，看起来它就是暗的。所以，日珥和暗条其实是一回事。另外，日珥和暗条也不是稳定的，会有爆发。

第三个层次是日冕。它的亮度大约只有光球层亮度的百万分之一，所以人眼根本分辨不出来。但是如果有日全食的话，人们就可以看见日冕。日冕的气体非常稀薄，但是温度很高，能达到几百万度的超高温。实际上，日冕是太阳的最外层大气，如果是动画，人们就能够看见，不停有物质从太阳往外跑，被人们称作太阳风。今天人们说的太阳活动、太阳风暴跟太阳风的背景有很大的关系。

实际上，因为温度很高，通常来说，中心的物质，如原子、分子是不可能存在的，它们被分离成了离子和电子。由于温度高，它们不是固态，通常呈现出气态的样子，这在物理学上被称为等离子体，也被称为物质的第四态。整个太阳大气都是一种等离子体态。由于太阳内部的能量不断涌出，太阳表面是动荡不安的，这些运动的电荷产生磁场，而变化的磁场反过来又使得电荷更加的不安分守己。因此，太阳是一个巨大的、不稳定的磁球。

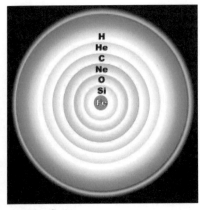

太阳的成分

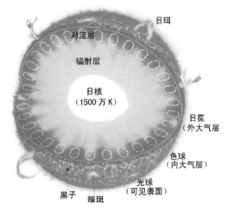

太阳构造

# 太阳光

阳光是地球能量的主要来源。太阳常数是在距离太阳 1 天文单位的位置，直接暴露在阳光下的每单位面积接收到的能量，其值约相当于 1368 W/m（瓦每平方米）。经过大气层的吸收后，抵达地球表面的阳光已经衰减——在大气清澈且太阳接近天顶的条件下也只有约 1000 W/m。

有许多种天然的合成过程可以利用太阳能——光合作用是植物以化学的方式从阳光中撷取能量（氧的释出和碳化合物的减少）；直接加热或使用太阳电池转换成电的仪器被使用在太阳能发电的设备上，或进行其他的工作；有时也会使用集光式太阳能（也就是凝聚阳光）。储存在原油和其他化石燃料中的能量是来自遥远的过去经由光合作用转换的太阳能。

飞来的太阳"喷嚏"

# 认识太阳的征程

　　在人类历史的发展过程中，人们对太阳的认识是一段极不平凡的征程。

　　太阳是唯一一颗能够进行面元分辨率观测和研究的恒星。人类对太阳的观测，最早就是用肉眼看。有记录表明，中国人是历史上最早记录太阳的人群，夏商周断代工程里也用到了关于日食的知识。在西方，古希腊人最早观测过太阳黑子，但是后来在欧洲被遗忘了，直到四百年前，伽利略才用望远镜重新发现了它。但是在中国，《说文解字》里面的"日"字就是一个圆圈划个点。人们对此有两种解释，一种就是指太阳黑子，另外是说亮点，这表明中国人很早看到了太阳黑子，人类对太阳黑子的最早文字记载也是在中国。

# 太阳观测

从科学发展角度来说，人们公认的是伽利略对太阳以及其他天文目标进行的科学研究。在太阳研究方面比较重要的结果是在1814年，人类发现了太阳光谱中的谱线和第一次发现了日珥。

1843年，人类发现了太阳的11年活动周期，人类也是在那时第一次拍到了日冕照片。此后不久，人类第一次看到了太阳耀斑瞬时的闪现。

通常来讲，通过日食的观测，人们发现了新的元素——氦，这是从太阳上发现的新元素。但是人类也会犯错误，后来证明它并不是元素，只不过被太阳高温电离过程中产生的。一百年前，人类第一次观测到太阳上有强磁场。1930年有人发明了日冕仪，这个仪器就是在设备里面制造出了"日食"，把太阳光球挡住，能够看到太阳底层日冕的信息，这样就随时可以观测日冕。当然实际观测它还是很难的，日冕的亮度只是太阳本身的百万分之一，所以看它并不是很容易的。

1938年，人类又解决了太阳的能量来源问题——太阳的核反应过程。

人类自进入卫星时代、空间时代以后，1957年又看到行星际物质，太阳上吹出来的物质到地球附近，

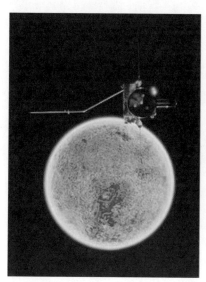

太阳观测

在 20 世纪 60 年代末，人们在矿井里面安置探测仪器，也探测到了非常弱的太阳核反应过程中的中微子信号。

最近几十年来，随着高分辨地基和空间观测的实现，太阳研究有了重大发现。近一二十年来，不断有大量的空间项目在进行观测，很多太阳观测卫星都还在空间运行。2006 年，从多角度来看太阳的 STEREO 卫星可以构造出太阳活动现象的立体结构，2010 年美国又发射新的太阳观测卫星——太阳动力学天文台（SDO）。关于太阳物理的研究还是方兴未艾，不断取得重大的进展。

太阳活动对地球和空间环境的影响，当前也是个核心科学问题和监测对象。二十世纪九十年代以后以空间探测为主导，开始了全波段、全时域、高分辨、高精度探测的新时代。

2006 年发射的 STEREO 卫星，可以从超前地球，或者滞后地球的立体角度来进行观测，2014 年 2 月份的时候，它正好到了和地球垂直的位置上，目前已经转到太阳背后 10 多度的位置上，所以它能够实现从 360

**走近科学家**

颜毅华，中国科学院国家天文台研究员、太阳射电研究首席研究员，国际空间科学研究所（WISER）编辑委员会委员、WISER 太阳和日球工作组召集人。首次将边界元法引进到太阳大气磁场计算，为太阳物理研究提供了一个创新性的途径。迄今已在国内外学术杂志和文集上发表科研论文 100 余篇，得到国际学术界的关注与引用。近年来，曾获国家 2002 年度自然科学二等奖（第四名）；中科院 2001 年度自然科学一等奖（第四名）；北京市 2002 年度科学技术一等奖（第八名）；2002 年度国家杰出青年基金；2004 年国务院颁发的政府特殊津贴证书；2004 年国家人事部颁发的入选《新世纪百千万人才工程国家级人选》证书，入选中科院"百人计划"。

度的角度来观测到太阳的情况。

利用其他一些技术手段可以从空间观测中探索太阳背后的活动。目前国外还在计划太阳哨兵、太阳轨道等，我们国家也在空间方面积极准备 1 米的空间望远镜。美国建成 1.6 米的太阳望远镜，射电方面还有个变频的太阳望远镜，中国也在推进 6 到 8 米的地面太阳望远镜。

通俗地讲，太阳活动研究就是关心太阳怎么影响人类，基于此，太阳活动的研究有非常重大的意义。

## 趣味连连看

# 天体卫星

卫星是指围绕行星所运行的天体。卫星分为天然卫星和人造卫星，其中，木星的天然卫星最多。在太阳系里，除水星和金星以外，其他行星都有天然卫星。行星的气体和尘埃会碰撞、合并。没有组成行星的天体除了天然卫星，还有小行星、彗星等。

火星的两颗卫星是霍尔在海军天文台发现的。以往的观测没能发现它们是因为这两颗卫星异常得渺小。霍尔把外层的卫星叫做火卫二，内层的叫做火卫一。

木星是太阳系卫星较多的一颗行星，木星的卫星是按照发现的先后顺序编号的。1610 年，伽利略用自制的天文望远镜观测到 4 颗卫星。天文家门为了纪念伽利略的这一重大发现，将这 4 颗卫星命名为伽利略卫星。

这 4 颗卫星由内到外依次是依奥、欧罗拔、嘉里美、卡利斯托。它们分别被简称为木卫一、木卫二、木卫三、木卫四，表面特征很不一样：木卫一是至今在太阳系所观测到的火山活动最为频繁的激烈的天体，这一发现给天文学家们对太阳系天体研究提供了新的启示；木卫二体积比月球小，但密度和月球差不多；木卫三是木星最大的一颗卫星；木卫四的表面布满了密密麻麻的陨石坑。

木星的卫星形态各种各样、五花八门。最著名的土卫六上有大气，是目前发现的太阳系卫星中唯一存在大气的天体。土星是太阳系卫星最多的一颗行星，周围有很多大大小小的卫星围绕着它旋转，就像一个家族。目前为止，一共发现了23 颗。

木星与其卫星

天王星与太阳系中的其他天体不同，天王星的卫星并不是以古代神话中的人物而命名的，而是用莎士比亚和罗马教皇作品中人物的名字命名的。天王星也有很多卫星，其中有直径470公里的很大的卫星。

　　海王星是环绕太阳运行的一颗淡蓝色的行星，是典型的气体行星。海王星有8颗卫星。以前认为海王星只有2颗卫星，即海卫一和海卫二。通过探测发现了6颗较小的卫星，从而海王星的卫星达到了8颗。

# 太阳如何影响人类

太阳和人类的生存是息息相关的，它一方面造福人类，但是另一方面也带来了不少灾难。太阳看起来很平静，实际上无时无刻不在发生剧烈的活动。

## 太阳风

太阳由里向外大致分为太阳核反应区、太阳对流层、太阳大气层。其中二十二亿分之一的能量辐射到地球，成为地球上光和热的主要来源。太阳表面和大气层中的活动现象，诸如太阳黑子、耀斑和日冕物质喷发（日珥）等，会使太阳风大大增强，造成许多地球物理现象——例如极光增多、大气电离层和地磁的变化。太阳风是从恒星上层大气射出的超声速等离子体带电粒子流。在不是太阳的情况下，这种带电粒子流也常

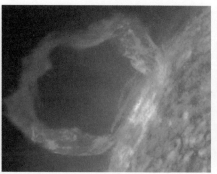

太阳风

称为"恒星风"。太阳风是一种连续存在，来自太阳并以200-800km/s的速度运动的等离子体流。这种物质虽然与地球上的空气不同，不是由气体的分子组成，而是由更简单的比原子还小一个层次的基本粒子——质子和电子等组成，但它们流动时所产生的效应与空气流动十分相似，所以称它为太阳风。

太阳活动和太阳风的增强还会严重干扰地球上无线电通讯及航天设备的正常工作，使卫星上的精密电子仪器遭受损害，地面通讯网络、电力控制网络发生混乱，甚至可能对航天飞机和空间站中宇航员的生命构成威胁。2012年3月，5年来最强的一次

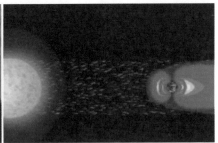

太阳风与地球　　　　　　　　太阳风袭地球

太阳风暴在 7 日上午喷发，无线通讯受到影响。因此，监测太阳活动和太阳风的强度，适时做出"空间气象"预报，越来越显得重要。

附："科学家与媒体面对面"问答摘录

中央人民广播电台记者：我想知道，2013、2014峰年到来的时候，太阳黑子会是什么样的爆发情况？会像美国大片《2012》描述给我们的情况吗？有这个可能吗？

王华宁：首先说到美国大片《2012》，它的起因是说太阳活动的峰年到来，而且说太阳发出的中微子加热了地球的核心，

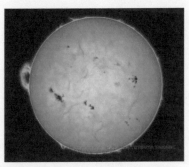

太阳黑子

按这个说法当然是不合适的，因为作为中微子本身，它的穿透力是很强的，虽然我们现在已经明白，中微子有一点质量，也就是说偶尔能被物质吸收了，但是不可能大规模被地球的中心吸收，如果真有能够把地球加热的中微子，那它在还没加热地球之前，所有的生物差不多就没有了。可能是搞这个片子的人还没有学到关于中微子的知识吧，这是艺术上的，我们不评价它，大家没有必要因为看了一部电影就忧虑这些事情。

## 太阳耀斑

太阳耀斑是一种剧烈的太阳活动，是太阳能量高度集中释放的过程。一般认为发生在色球层中，所以也叫"色球爆发"。其主要观测特征是，日面上（常在黑子群上空）突然出现迅速发展的亮斑闪耀，其寿命仅在几分钟到几十分钟之间，亮度上升迅速，下降较慢。特别是在太阳活动峰年，耀斑出现频繁且强度变强。

别看它只是一个亮点，一旦出现，简直是一次惊天动地的大爆发。这一增亮释放的能量相当于 10 万至 100 万次强火山爆发的总能量，或相当于上百亿枚百吨级氢弹的爆炸；而一次较大的耀斑爆发，在一二十分钟内可释放 $10^{25}$ 焦耳的巨大能量。

除了日面局部突然增亮的现象外，耀斑更主要表现在从射电波段直到 X 射线的辐射通量的突然增强。耀斑所发射的辐射种类繁多，除可见

飞来的太阳『喷嚏』

光外，有紫外线、X射线、伽马射线、红外线和射电辐射，还有冲击波和高能粒子流，甚至有能量特高的宇宙射线。

　　耀斑爆发，发出大量的高能粒子到达地球轨道附近时，将会严重危及宇宙飞行器内的宇航员和仪器的安全。当耀斑辐射来到地球附近时，与大气分子发生剧烈碰撞，破坏电离层，使它失去反射无线电电波的功能。无线电通信尤其是短波通信，以及电视台、电台广播，会受到干扰甚至中断。耀斑发射的高能带电粒子流与地球高层大气作用，产生极光，并干扰地球磁场而引起磁暴。

　　此外，耀斑对气象和水文等方面也有着不同程度的直接或间接影响。正因为如此，人们对太阳的关切程度与日俱增。

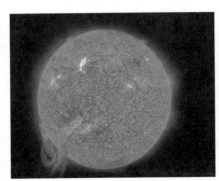

太阳耀斑

# 怎样晒太阳最有效

上午十点和下午四点晒太阳最好。此时阳光中的红外线强，紫外线偏弱，可以促进新陈代谢，又避免伤害皮肤；下午4—5点紫外线中的X光束成分多，可促进钙、磷的吸收，增强体质，促进骨骼正常钙化。注意每次晒太阳不要超过1小时。

不要隔着玻璃晒。研究表明，隔着玻璃，紫外线透过不足50%，若在距离窗口4米处，紫外线不足室外的2%。所以隔着玻璃晒太阳实际上没什么作用。应选择性地到一些绿化较好、空气清新的公园晒太阳，在阳台上也可以。

多晒手脚、腿以及背部。晒手脚、腿能很好地驱除关节及腿部寒气，加速钙质吸收，让手脚骨骼更健壮；晒后背，能驱除脾胃寒气，有助改善消化功能，还能疏通背部经络，有利心肺。

最好穿红色衣服。不要穿白色衣服，尤其是紫外线照射强的夏季，白色衣服会将紫外线反射到脸上或裸露的胳膊上，让皮肤受伤。最好穿红色服装，因为红色服装的辐射长波能迅速"吃"掉杀伤力很强的短波紫外线。不要戴帽子，否则遮挡阳光，失去晒太阳的意义。如果怕刺眼，可以戴上墨镜。

孩子晒太阳，时间不要长。每次控制在半小时以内，晒前可以给宝宝喂些鱼肝油。3岁以下的宝宝，放在小推车里时距离地面过近，阳光反射多，此时要把宝宝抱起来晒。如果出现皮肤变红、出汗过多、脉搏加速，应立即回家并给予清凉饮料或淡盐水。

晒太阳前不宜吃芥菜、马齿苋、马兰头、无花果。以免引起光敏性药疹或日光性皮炎。晒后多喝水，多吃水果、蔬菜，补充维生素C，可以抑制黑色素的生成。

# 太阳活动

太阳是非常不平静的，内部的能量通过对流区不断交换出来，会引起非常复杂的电磁相互作用。这些电磁相互作用过程导致的太阳大气中的一切活动现象，被称之为太阳活动，它主要表现为太阳黑子的兴衰、太阳耀斑的爆发、太阳风的扰动等。

首先来看太阳黑子的演化，人们说太阳黑子和别的现象一样，有出生、成长、消亡的过程。小的黑子可能一天到几天的时间就消亡了，大的黑子能持续数周时间。另外在太阳色球层上最明显的是太阳耀斑，它实际上是太阳能量的突然释放，一个普通的太阳耀斑，能量释放是非常大的量级，大约相当于几十亿个广岛原子弹的当量。

太阳在色球层上还有另外一种爆发就是耀斑，其实耀斑经常伴随着暗条爆发，这是色球的两类现象。

另外在日冕当中，也有一类很重要的活动现象，称之为日冕物质抛射，日冕物质抛射是以每秒钟数百千米的速度至上千千米的速度将温度

飞来的太阳「喷嚏」

太阳活动

太阳活动影响地球

高达百万度、质量达到数十亿吨的等离子体推到行星际空间，而地球就处于行星际空间之中。

# 太阳活动周

太阳活动有一个明显的周期性，被人们称作太阳活动周，大约每11年为一个周期，主要是以黑子出现的多少为标志。在太阳黑子出现频繁，太阳活动剧烈的年份，被称之为太阳活动的峰年。太阳黑子很少，甚至没有，这样的年份被称之为太阳活动的低年或者宁静年。太阳磁场的周期不是11年，是22年，这和地球磁场不一样。太阳磁场是每隔11年，南极和北极的极性要反转一次。

太阳活动周期最好的例子就是黑子蝴蝶图，这个图上可以看到很多很漂亮的蝴蝶。如果普通人坚持观测太阳能够持续11年不间断，就可以变成一个很优秀的画家，画成一幅很漂亮的黑子蝴蝶图。

除了肉眼可以观测太阳活动，用科学仪器也同样可以观测，日本一个 X 射线卫星的观测资料显示了太阳的峰年到太阳的低年，从中可以看到非常明显的周期性的变化。另外，太阳活动周的历史在地球上也存在着一些遗迹，比如说在亚寒带，许多高龄的树轮有规律的稀疏变化，这个恰恰是和太阳黑子的 11 年周期吻合的。另外，在两极永久冰层的钻探研究也证明了早期地质时期的气候变化是有 11 年的周期性的。

## 趣味连连看

# 太阳的生命周期

太阳所处的主序星阶段，通过对恒星演化及宇宙年代学模型的计算机模拟，已经历了大约 45.7 亿年。45.9 亿年前，一团氢分子云的迅速坍缩形成了一颗第三代第一星族的金牛 T 星，即太阳。这颗新生的恒星沿着距银河系中心 26 万光年的近乎圆形轨道运行。

太阳在其主序星阶段已经到了中年期，在这个阶段它核心内部发生的恒星核合成反应将氢聚变为氦。在太阳的核心，每秒能将超过 400 万吨物质转化为能量，生成中微子和太阳辐射。以这个速度，太阳至今已经将大约 100 个地球质量的物质转化成了能量。太阳作为主序星的时间大约持续

100 亿年。

太阳的质量不足以爆发为超新星。在 50-60 亿年后，太阳将转变成红巨星，当其核心的氢耗尽导致核心收缩及温度升高时，太阳外层将会膨胀。当其核心温度升高到 1 万万 K 时，将发生氦的聚变而产生碳，从而进入渐近巨星分支。

红巨星阶段之后，由热产生的强烈脉动会抛掉太阳的外壳，形成行星状星云。失去外壳后剩下的只有极为炽热的恒星核，它将会成为白矮星，在漫长的时间中慢慢冷却和暗淡下去。

# 太阳活动周期的发现

　　"太阳风暴"作为一个名词很早就被人们所熟知。太阳活动，一般来讲它有轻微的或者一般性的活动，人们把它叫做扰动。扰动激烈以后，就变成爆发了，这就叫太阳爆发。所谓的耀斑、日冕物质抛射、暗条的爆发或者日珥的爆发，这都是属于激烈的太阳活动，人们把它叫做太阳爆发。

太阳活动影响地球

太阳爆发可以产生电磁波、高能粒子和日冕物质抛射，可以冲击太阳系。太阳是太阳系的主宰，它爆发的东西要往整个太阳系扩散，而且对整个行星际空间也要产生影响。因为地球所处的行星际空间是太阳风暴的影响范围，所以，它肯定会对地球产生影响。

太阳风暴的本质是什么呢？因为太阳活动的本质是太阳的电磁活动，是电和磁现象的变化。因此，可以把太阳风暴叫做太阳电磁风暴。

## 太阳活动周期的发现

对于太阳活动周期的发现，在人们历史的进程中是值得大书特书的。

1843 年，塞瑟尔·海因里希·施瓦布发现了太阳活动周期。因为按照牛顿力学理论，水星近日点的进动表明水星轨道之内应该还存在一颗行星，天文学家把这颗行星命名为祝融星（Vulcan）。由于祝融星距离太阳非常近，找到它异乎寻常地困难。施瓦布认为，只有在祝融星从太阳前面经过时才能观测到它。从 1826 年到 1843 年，施瓦布每天仔细观察看太阳表面，记录太阳上的黑子数，经过 17 年间的长期艰辛观测，他整理了观测资料，于 1843 年发表了一篇题为《1843 年间的太阳观测》的论文，文章指出："太阳的年平均黑子数具有周期性的变化，变化的周期约十年"。

时任伯尔尼天文台台长的鲁道夫·沃尔夫读了施瓦布的论文后，开始用望远镜观测太阳黑子。除进行观测以外，他还搜集整理了此前的太阳黑子观测资料，其中包括伽利略及其同时代观测者留下的。经过整理，

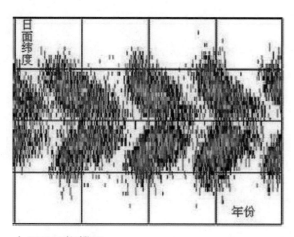

太阳黑子蝴蝶图

可供研究使用的每日太阳黑子数记录可推前至1749年，年平均值资料可推前至1610年。沃尔夫在搜集整理太阳黑子数观测资料的过程中，为使不同观测台站以及不同人的太阳黑子观测资料具有可比性，于1848年提出了太阳黑子相对数的概念。

沃尔夫经过几年的仔细观测和精心的资料整理，发现太阳黑子数变化周期平均为11.1年。观测到的最短黑子周期为9年，最长黑子周期为14年。不同周期之间和字数的变化也非常明显。到1852年他还发现地磁活动和极光与太阳活动有关。沃尔夫提出将太阳黑子数从一个极小到另一个极小之间的事件定为一个周期，并将1755年至1766年的周期定为第一个太阳活动周。根据连续的观测记录推算下来，2008是第24个太阳活动周。

英国天文学家理查德·卡林顿从1852年开始，白天观测太阳，夜晚观测星星，夜以继日勤奋工作。他精确确定了太阳自转轴，发现了太阳的较差自转现象，首次发现了太阳耀斑现象，同斯波勒分别独立发现了太阳黑子随太阳活动周发展出现为止逐渐向赤道迁移的规律，后来太阳活动周被称为卡林顿太阳活动周。

跟卡林顿分别同时进行太阳黑子周期规律研究的德国天文学家斯波

勒，经过长期艰苦细致的观测发现，在新的太阳活动周开始时，黑子群出现的位置分别在南北半球纬度30°附近，随着太阳活动周的进展，黑子群出现的纬度位置逐渐向赤道靠近。在太阳活动极大年附近，黑子群一般出现在15°附近。在太阳活动周的末尾，黑子群一般出现在8°附近。在每个太阳活动周即将结束时，新周期的黑子群已开始在高纬度出现，旧太阳活动周的黑子群仍在低纬度出现。新周期和旧周期黑子群同时出现的局面大约可持续一年左右的时间。太阳黑子出现纬度位置随太阳活动周发展而变化的规律，称为斯波勒定律。

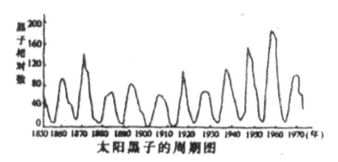

太阳黑子周期

英国天文学家爱德华·瓦尔特·蒙德和他的第二任妻子安妮·蒙德经过二十多年的精心观测，1904年将观测数据绘制成图，以时间为横坐标，以黑子群出现的纬度为纵坐标，得到了能够形象展示斯波勒定律的"蒙德蝴蝶图"。多个太阳活动周的黑子群出现位置分布的变化就像一队展翅飞翔的蝴蝶。

美国著名天文学家乔治·海尔利用自己研制的太阳单色光照相机首

次测得了太阳黑子的磁场。黑子经常成对出现，并随着太阳自东向西自转，习惯上将西边的称为前导黑子，东边的称为后随黑子，海尔发现它们的磁场极性总是相反的，所以又称为双极黑子。经过了十多年的观测后，海尔又发现在同一个 11 年太阳活动周期内，太阳南半球或北半球同一个半球中，所有双极黑子的磁场极性分布都相同。而太阳南北两个半球前导、后随黑子的磁场极性分布相反。而且当下一个 11 年活动周来临后，太阳南北两个半球的双极黑子的磁场极性发生对换。因此按照这个黑子磁场变换规律，太阳黑子变化一个完整的周期需要大约 22 年，这就是所谓的太阳活动的海尔定律。

美国天文学家巴布科克父子经过几十年的观测研究，发现在太阳黑子以外的区域也存在着磁场。这种磁场同黑子磁场相比很小，分布于整个太阳表面，近似是个双极磁场，像一个大磁铁。在太阳活动周极大年份，两极区域的弱磁场极性发生改变。另外他们还发现日面上大多数双极黑子群的正负磁场通量大致平衡。黑子磁场主要依靠扩散减弱，存在前导部分向赤道后随部分以及向极区扩散的倾向。基于这两个观测事实，巴布科克父子认为，太阳活动周起源于太阳偶极子磁场与太阳较差自转的相互作用，被拉伸的沿着赤道方向的磁场浮现为双极黑子，黑子磁场因扩散和对消而减弱，成为太阳偶极弱磁场，周而复始形成太阳活动周。

太阳黑子磁场

飞来的太阳『喷嚏』

关于太阳活动周期，在做预报的时候，很重要的内容就是要预报太阳活动周期。但预报哪些东西呢？一个是预报它的高度。因为太阳活动周高度是变化的，所以当这个太阳活动周还没有来的时候，要先预测一下它到底有多高。另外是预报它的长度，每个周期并不是严格的11年，有时候长，有时候短，这个周期到底长度是多少，也要做一些预测。

周期编号大概是从18世纪开始的，编到现在已经完成了23个周期，24周已经来临，而且已经过了不少。做太阳活动预报的时候，在这个周期还没有产生时，就有很多人预报，在国际太阳物理界普遍接受的一个周期大概在2013年至2014年之间。

## 趣味连连看

## 希腊太阳神话

太阳神阿波罗是天神宙斯和女神勒托（Leto）所生之子。神后赫拉（Hera）由于妒忌宙斯和勒托的相爱，残酷地迫害勒托，致使她四处流浪。后来总算有一个浮岛德罗斯收留了勒托，她在岛上艰难地生下了日神和月神。于是赫拉就派巨蟒皮托前去杀害勒托母子，但没有成功。后来，勒托母子交了好运，赫拉不再与他们为敌，他们又回到众神行列之中。

阿波罗为替母报仇，就用他那百发百中的神箭射死了给人类带来无限灾难的巨蟒皮托，为民除了害。阿波罗在杀死巨蟒后十分得意，在遇见小爱神厄洛斯（Eros）时讥讽他的小箭没有威力，于是厄洛斯就用一枝燃着恋爱火焰的箭射中了阿波罗，而用一枝能驱散爱情火花的箭射中了仙女达佛涅（Daphne），要令他们痛苦。达佛涅为了摆脱阿波罗的追求，就让父亲把自己变成了月桂树，不料阿波罗仍对她痴情不已，令达佛涅十分感动。而从那以后，阿波罗就把月桂作为饰物，桂冠成了胜利与荣誉的象征。每天黎明，太阳神阿波罗都会登上太阳金车，拉着缰绳，高举神鞭，巡视大地，给人类送来光明和温暖。所以，人们把太阳看作是光明和生命的象征。

# 太阳"喷嚏"的影响

太阳爆发有哪些主要产物呢？其中一个是电磁波，因为太阳的爆发过程就是电磁的过程，电磁波是它非常重要的产物。第二是高能粒子，在地球上要得到高能粒子，只能用加速器，它能形成高能粒子。但是太阳的爆发本身就是一个巨大的加速器，现在地球上没有办法重复这个加速过程。

## 日冕对地球的影响

日冕物质抛射大概每秒钟几百千米到一两千千米左右。几十个小时后就会影响地球。在太阳活动的危害性里面，对地球的磁场产生影响，电离层产生影响，中高层大气产生影响。对人类社会的技术系统，最重要的是损害人们的高技术系统，像卫星、通信系统、输油管，还有电网，这些系统因为都是属于和电磁现象有关的，跟电磁有关的所有设备，像卫星上的各种仪器，都是要使用电子设备的。实际上，一个大的爆发，就是个强烈的电磁辐射冲击的过程，高能粒子也好、强烈的电磁辐射也好，对太空当中的宇航员和空乘人员的健康都是有影响的。再一个是地球气候和气象的变化，气候的变化，太阳是最重要的要素，太阳东升和西落，早上和晚上的温度不一样，对气候也是有影响的。

**附："科学家与媒体面对面"问答摘录**

北京人民广播电台记者：第一个问题，刚才各位都说到太阳活动高峰年对人类有一些影响，很多是灾害性的，它对人类有没有什么积极的、正面的影响？第二个问题，如果有一些灾害性的影响，我们人类能够做什么？可以把这种灾害减少到最小吗？

邓元勇：第一个问题，太阳活动毕竟是天文学问题，对人类有什么积极的影响，这个东西很难说。今天很遗憾，有个片子里，太阳活动高发的时候，能看到很多美丽的自然现象，比如奇观这样的东西。所以，有什么积极的影响是很难说的。

第二个问题，太阳活动对人类的影响，我们在学术界有一个说法，叫做太阳风暴对人类的影响是高科技时代的富贵病，对老百姓来说，也可能活动峰年的时候，紫外辐射会增强，这些东西可以有一些预报，最大的影响还是在高科技端，比如刚才的问题，对神九、神十的发射有没有影响。发射的话，总会选安全的时机发射，如果防护得不好，也许在峰年航天器的寿命会减少。另外还有一类重大灾害，就是刚才王老师讲的重大例子，像1859年那种超强的太阳风暴，我们国家也已经参与了一些讨论。现在普遍的看法是在1859年那么强的超强太阳风暴面前，可能像地震、海啸一样，人类是无能为力，但是这是好几百年一遇的情况，我们要讨论的不是这个问题。我们真正想要防护的是那些没有那么强，我们人类可以做的，在这些方面，主要是在高科技领域，我们是可以防护的，当然要依靠科技的进展。

更具体一点，比如说卫星定位，人们现在都用GPS，但是如果在太阳爆发影响到整个卫星的时候，GPS有几百颗卫星在天上，当太阳爆发的时候，这些卫星就不能够正确地指示GPS所在的位置，因为它是通过干扰卫星的通信系统，以及干扰卫星本身自己的轨道位置，来整体影响GPS导航的精度。当一个精确制导的导弹依赖于卫星定位系统攻击目标的时候，在太阳活动期间是要受到强烈影响的。

在太阳辐射里，尤其是高能粒子，太阳的极紫外辐射，对地球的高层大气密度会产生强烈的变化，密度变化以后，就导致卫星的轨道发生变化，

### 走近科学家

邓元勇，中国科学院国家天文台研究员、国家天文台怀柔基地主任兼总工程师，中国科学院太阳活动重点实验室副主任。先后参与或主持过多项基金研究工作，以及多通道太阳望远镜、球载望远镜、空间太阳望远镜研制等工作。作为主要成员获得过中科院自然科学（1994年）和科技进步一等奖（1995年）；国家科技进步二等奖（1996年）；863-703先进集体（2006年）；军队科技进步一等奖（2007年）及纪念成中杰太阳物理学奖。在国际国内核心刊物发表学术论文近百篇。

卫星会发生失控，甚至可以直接掉下来。太阳活动对空间环境的影响是非常重要的。

对于民航系统来讲，由于太阳活动的变化，第一会导致空乘人员与地面指挥系统的联络发生问题，第二会影响空乘人员本身的身体健康。因为地球磁场在极地是非常低的，它的特殊结构使得高能粒子可以冲击到离地面很近的地方，所以跨极地飞行的时候，对空乘人员的健康会有很大的影响。

太阳活动对于电网系统也是会产生影响的，最典型的例子，1989 年 3 月，美国新泽西州大量的变压器由于强烈的太阳活动引起了大磁暴，导致了大面积的停电，这是太阳活动迄今为止对人类造成的最大的一次灾害。

太阳电磁活动本身对地球气候变化也有一定的影响。人们对灾害归类以后发现，人类面临的最重要的灾害主要有以下几类：地质灾害，包括火山爆发、地震、海啸、泥石流、山体滑坡等；气象灾害有干旱、洪涝、雷电、冰冻、热带风暴；生物灾害有群体性动物侵害、传染病等；天体灾害有恒星爆发等。恒星爆发不光是太阳的爆发，假如银河系有一颗恒星爆发了，它会产生很强烈的电磁辐射和高能粒子辐射，如果距离太阳系较近，也可能对人类产生影响。

## 趣味连连看

# 有趣的太阳

颜色：太阳辐射的峰值波长（500 纳米）介于光谱中蓝光和绿光的过渡区域。恒星的温度与其辐射中占主要地位的波长有密切关系。就太阳来说，其表面的温度大约在 5800K。然而，由于人的眼睛对峰值波长周围的其他颜色更敏感，所以太阳看起来呈现出黄色或是红色。

光度：我们习以为常地认为，从很多方面来看，太阳都是一颗"正常"的恒星。但你知道太阳其实是一颗"矮"恒星吗？你或许听到过"白矮星"这种天体，但其实它并不是常态的恒星，而是恒星死亡产生的余烬。从天文学对恒星的分类上来看，恒星可划分为三类：矮星、巨星和超巨星。

体积和质量：太阳是一个巨大而炽热的气体星球。知道了日地距离，再从地球上测得太阳圆面的视角直径，从简单的三角关系就可以求出太阳的半径为 69.6 万千米，是地球半径的 109 倍。由此可以算出太阳的体积为地球的 130 万倍。天文学家根据开普勒行星运动的第三定律，利用地球的质量和它环绕太阳运转的轨道半径及周期，还可以推

算出太阳的质量为 $1.989 \times 10^{27}$ 吨，这个质量是地球的 33 万倍。并且集中了太阳系 99.86% 的质量。但是，即使这样一个庞然大物，在茫茫宇宙之中，却也不过只是一颗质量中等的普通恒星而已。

飞来的太阳『喷嚏』

# 走近中国的北斗

生活中人们常见这样的问题,打电话时,我在哪儿?你在哪儿?我怎么去你那里?遇到危险了,需要救援,我们怎么到你那里去?因此需要定向和定位,借此话题,我们一起走近中国的北斗。

· 撷英导读 ·

　　北斗卫星导航系统是中国正在实施的自主发展、独立运行的全球卫星导航系统。2000 年，首先建成北斗导航试验系统，使中国成为继美、俄之后的世界上第三个拥有自主卫星导航系统的国家。系统由空间端、地面端和用户端组成，可在全球范围内全天候、全天时为各类用户提供高精度、高可靠定位、导航、授时服务，并具短报文通信能力，已经初步具备区域导航、定位和授时能力，定位精度优于 20m，授时精度优于 100ns。该系统已成功应用于测绘、电信、水利、渔业、交通运输、森林防火、减灾救灾和公共安全等诸多领域，产生显著的经济效益和社会效益。特别是在 2008 年北京奥运会、汶川抗震救灾中发挥了重要作用。

# 认识"导航"

北京西客站在什么地方？如果你的回答是在地球上，你是正确的。如果说在地球的什么地方，你说在中国，更正确了。在北京，就精确了一步。在北京什么地方？大概是北纬39度53分，东经116度19分。这时还不知道在哪儿。我们不仅需要定位，还需要一个参照物，要引导，要参照，这叫导航，不仅仅是定位。所以，导航和测绘是密不可分的。

一个国家必须有自己独立的坐标系统，我们的卫星都在围绕地球运行，要确定这个坐标系统，卫星导航是最重要的手段之一。我们生活在一个始终变化着的

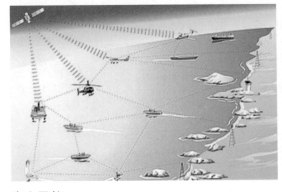

海上导航

地球上，也可以说每时每刻我们脚踩着的地球都在变化，监测这个变化的手段就是卫星导航手段。

# 导航卫星

导航卫星就是为地面、海洋、空中和空间用户提供导航定位服务的人造地球卫星。导航卫星上装有专用的无线电导航设备，发送精密的无线电导航信号以及卫星轨道参数，供用户实现位置和速度的确定。用户接收导航卫星发来的无线电导航信号，通过时间测距或多普勒测速分别获得用户相对于卫星的距离或距离变化率等导航参数，并根据卫星发送的时间、轨道参数，求出在定位瞬间卫星的实时位置坐标，从而定出用户的地理位置坐标（二维或三维坐标）和速度矢量分量。

简单地说，电视广播卫星就是把电视的差转台装到卫星上，如果把地面差转电波移动通信基站放在卫星上，就叫移动通信卫星，导航卫星就是把导航设备装到卫星上。导航卫星不是单体作战，而是要组网的，如果要区域的，就按照区域的要求组网，如果是全球的，就按照全球的来组网。

**走近科学家**

杨元喜，中国科学院院士、中国卫星导航学术年会科学委员会执行主席，解放军信息工程大学、北京航空航天大学教授。长期从事大地测量研究，研究方向为动态大地测量及测量数据处理与质量控制理论，在测量抗差估计理论和自适应估计理论方面做出了一系列开创性工作。曾获国家科技进步二等奖、国家自然科学三等奖。

导航卫星

由数颗导航卫星构成导航卫星网（导航星座），具有全球和近地空间的立体覆盖能力，实现全球无线电导航。导航卫星按是否接收用户信号分为主动式导航卫星和被动式导航卫星；按导航方法分为多普勒测速导航卫星和时差测距导航卫星；按轨道分为低轨道导航卫星、中高轨道导航卫星、地球同步轨道导航卫星。

## 导航卫星的出现

说起指南针，人们是很熟悉的。它作为我国古代劳动人民的四大发明之一，不仅帮助我国古代人民远涉重洋同世界各国人民架起了友谊的桥梁，而且对世界文明的发展做出了贡献。指南针的奥秘在哪里呢？原来，所有磁体都具有"同极性相斥、异极性相吸"的特性，而地球本身就是一个大磁体，这个大磁体和小磁针由于"同性相斥、异性相吸"，磁针的南极总是指向地球的北极，即指向南方。指南针成了人类导航的工具。根据指南针的原理做成的船舶导航仪器就叫罗盘（磁罗盘）。把一根磁棒用支架水平支撑起来，上面固定着一个从0度到360度的刻盘，再用一航向标线代表船舶的纵轴，这就是一个简单的磁罗盘。刻度盘上的零度与航向标线之间的夹角叫做航向角，表示船舶以地磁极为基准的方向。这样，在茫茫大海中航行的船舶，可根据夹角的大小判断出航行的方向。但是，由于地磁场分布不均，常使磁罗盘产生较大的误差。

司南

二十世纪初无线电技术的兴起，给导航技术带来了根本性的变革。人们开始采用无线电导航仪代替古老的磁罗盘。由于无线电波不受天气好坏的影响，它在白天夜里都可以传播，所以信号的收、发可以全天候。用无线电导航的作用距离可达几千千米，并且精度比磁罗盘高，因此被广泛使用。但是，无线电波在大气中传播几千千米过程中，受电离层折射和地球表面反射的干扰较大，所以，它的精度还不是很理想。

当今，每天都有数以百计的船舶航行在茫茫的海洋里。不幸的是全世界大型轮船中，每年都有几百艘在海上遇险。其中有半数事故是由于航行原因造成的，使世界商船队里每年都有几十艘船沉没！

最常见的一种事故就是搁浅。它在沉没的船只中所占比例比较大。例如，从1969年至1973年间，由于搁浅造成了4000艘船的不幸，其中218艘船已完全报废。另一种航海事故是碰撞，特别是海岸附近、窄水道区和港口通道上，更容易发生，当然，这与船只不断增加也有关。例如，通过英吉利海峡的舰船，一昼夜就有400—500艘，由于昼夜或浓雾中航行，船只碰撞的危险时刻存在，难怪海员们说这里是危险的航道。

虽然航海技术和设备在不断完善，但仍不能满足今天的要求。现在航道上出现的差错，不仅给船只和乘员带来巨大的危险，而且常常给周围环境、海洋中的动物世界带来巨大的危害。从超级油轮上流出的石油，有时把沿海几公里的水面都给盖住了，并引起数千海洋动物和鸟类的死亡……

正因为如此，人们请求卫星来帮忙。1958年初，美国科学家在跟踪第一颗人造地球卫星时，无意中发现收到的无线电信号有多普勒效应，即卫星飞近地面接收机时，收到的无线电信号频率逐渐升高；卫星远离后，频率就变低。这一有趣的发现，揭开了人类利用人造地球卫星进行导航定位的新纪元。

卫星定位导航，是由地面物体通过无线电信号沟通自己与卫星之间的距离，再用距离变化率计算出自己在地球或空间的位置，进而确定自己的航向。这种设在天上的无线电导航台，就是现在的导航卫星，也可以说是当今的"罗盘"。

目前已有不少国家利用人造地球卫星导航。这种导航方法的优点主要是：可以为全球船舶、飞机等指明方向，导航范围遍及世界各个角落，可全天候导航，在任何恶劣的气象条件下，昼夜均可利用卫星导航系统为船舶指

卫星导航

明航向。导航精度远比磁罗盘高，误差只有几十米，操作自动化程度高，不必使用任何地图即可直接读出经、纬度，导航设备小，很适宜在舰船上安装使用。于是，卫星导航系统应运而生了。

## 趣味连连看

## "东方红一号" 卫星

东方红一号（Dong Fang Hong I/China 1）是中国于 1970 年 4 月 24 日发射的第一颗人造地球卫星。按当时各国发射卫星的时间先后排列，中国是继苏、美、法、日之后，世界上第五个用自制火箭发射国产卫星的国家，由此开创了中国航天史的新纪元。卫星上的仪器舱装有电源、测轨用的雷达应答机、雷达信标机、遥测

东方红一号

东方红卫星

装置、电子乐音发生器和发射机、科学试验仪器等。卫星采用银锌蓄电池作电源，电池寿命有限，卫星运行20天后，电池耗尽，"东方红"乐曲停止播放，卫星结束了它的工作寿命。但是，卫星的轨道寿命没有结束，根据轨道计算，大约能在太空运行数百年。

　　1970年4月24日21时35分，"长征一号"运载火箭（CZ-1）"载着"东方红一号"卫星从中国西北酒泉卫星发射中心发射升空，21时48分进入预定轨道。

# 卫星如何导航

卫星导航怎么导呢？先是把卫星的位置测下来，把第二个、第三个卫星都测完，卫星的轨道就知道了，测第二个点、第三个点、第四个点，再把汽车给测下来了，导航就这么简单，就是个交汇。虽然原理简单，但其科学构成极其复杂。卫星是在大气层之上，无线电信号是要通过大气层的，人们不得不考虑大气各种因素对信号的影响。人们生活在地面上，可能还有楼房等固体物体遮盖，人们还生活在电磁场当中，还有很多高压线，都可能产生干扰，就不得不考虑这么多障碍物的影响，还要考虑效率问题、信号捕获问题、时钟精度和稳定性的问题，这是一个极其复杂的科学工程。

导航卫星除了一般卫星所具备的一些特点外，比如说平台和有效载荷，就是要发挥卫星应用那部分的设备，有有效载荷分析系统，平台里有控制分析系统、能源分析系统、测控分析系统，各方面都有自

卫星定位

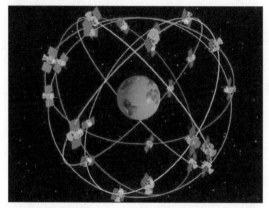

卫星导航系统

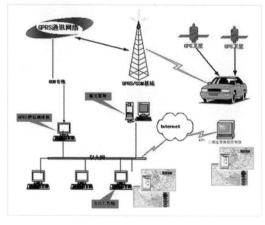

卫星导航原理

己的作用，这是共性的，还有如下一些特点：一是要求可靠性高，它要提供连续服务，不能间断；二是寿命要长，要保持星座数量和构型满足用户服务的要求，有那么多作用，就必须有足够的卫星正常稳定的运行才能达到；三是组网卫星必须一致性好，卫星之间信号质量差别要小，服务质量高；四是轨道精度要求高，姿态要稳定，要保证星上各种载荷的导航定位天线一定要对准地区，包括上行和下行的；最后，无线电导航信号质量高，卫星时频稳定性好，发射功率能满足用户接收的要求。

# 导航卫星的发展历程

　　首先是 GPS 系统。GPS 系统的发展是源自冷战时期，1973 年美国开始发展 GPS 系统，1978 年发射第一颗导航卫星，1993 年的 12 月份宣布了初始运行，到了 1995 年 4 月 7 日达到全面运行能力。在这个阶段，GPS 卫星在不断改进中发射，有六种型号的卫星先后发射，第一类卫星发射了 11 颗卫星都是试验卫星，紧接着开始部署第二类卫星，一共发射了 29 颗卫星，卫星的寿命提高到七年半，随后卫星又开始进行现代化改进，陆续推出新型号，增加军用、民用的信号，提高了导航的性能。到目前为止 GPS 约发射了 75 颗卫星，在轨卫星 31 颗，组网要求工作星 27 颗，3 颗到 4 颗在轨备份。从 2004 年就开始进行第三代 GPS 卫星需求定义研究，到 2007 年开始进行产品的投产，计划是 2012 年到 2013 年发射，目前时间会推迟，大约在 2015 年开始发射，这是一个总的发展历程。第三代 GPS 系统将改进定位、导航和授时服务，提供先进的抗干扰能力，获得更高的系统安全性、精度和可靠性。

　　其次是俄罗斯的 GLONASS 系统。GLONASS 系统是由前苏联国防部独立研制和控制的第二代军用卫星导航系统。70 年代中期开始研发，1982 年发射了第一颗卫星，1996 年 1 月 18 日布满轨道运行。由于俄罗斯没有很好地开发 GLONASS 系统民用市场，应用普及情况则远不及 GPS 系统。GLONASS 卫星平均在轨道上的寿命较短（1—3 年），且当时经济困难无力补网，在轨可用卫星少，不能独立组网。所以在这个过程中，GLONASS 刚刚建成就面临着瘫痪。2001 年 8 月 20 日，俄罗斯政府批准了 GLONASS 系统 2002 年—2011 年发展计划。主要目标为：

应用先进的卫星导航技术提供国家社会和经济的发展和国家安全；保持俄罗斯在卫星导航领域的领先地位，为俄罗斯和全球用户提供服务。

最后要介绍的是欧盟的伽利略系统。GALILEO 系统是欧洲自主的、独立的全球多模式卫星定位导航系统，提供高精度、高可靠性的定位服务，可与美国的 GPS 和俄罗斯的 GLONASS 兼容，但更安全、更准确。GALILEO 系统由 30 颗卫星组成，其中 27 颗工作星，3 颗备份星。欧空局分别于 2005 年 12 月 28 日、2008 年 4 月 27 日发射了两颗试验卫星 GIOVE-A、GIOVE-B，标志着伽利略计划取得新的进展。

## 趣味连连看

## 导航手机

简单地说，GPS 导航手机就是卫星导航手机，与手机电子地图的区别就在于：它能够告诉你在地图中所在的位置，以及你要去的那个地方在地图中的位置，并且能够在你所在位置和目的地之间选择最佳路线，并在行进过程中的为你提示左转还是右转，这就是所谓的导航。

现在市面上的导航手机还分为两类，一类是真正的通过太空中的卫星进行 GPS 导航，误差 3-5 米；另一类是通过基站和网络进行粗略的导航的，称为 A-GPS，这种导航没有真正的通过卫星 GPS 导航的精确，一般定位误差为 100 米。

# 北斗

中国的北斗导航是 1994 年国家批准建立自主知识产权的导航系统——北斗一号系统。导航一代，在 2000 年发射了两颗卫星，2000 年 12 月 21 日建成这个系统，开始提供服务。到 2003 年 5 月，发射了第三颗在轨备份卫星，该系统覆盖区是从东经 70 度左右到 160 度，北纬 10 到 55 度，提供的导航精度是 20 米，能为速度小于 1000 千米每小时的用户提供快速服务；每小时可提供 54 万次定位 / 通信 / 授时服务；系统投入运行后，解决了军用民用的急需，实现了我国的自主导航。

北斗卫星

北斗卫星导航系统（BDS）由空间端、地面端和用户端三部分组成。空间端包括 5 颗静止轨道卫星和 30 颗非静止轨道卫星。地面端包括主控站、注入站和监测站等若干个地面

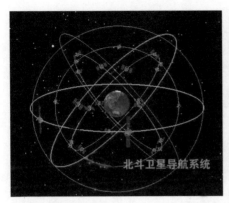

北斗卫星导航系统

遥望北斗

北斗闪耀太空

站。用户端由北斗用户终端以及与美国 GPS、俄罗斯 GLONASS、欧盟 GALILEO 等其他卫星导航系统兼容的终端组成。

中国此前已成功发射四颗北斗导航试验卫星和十六颗北斗导航卫星（其中，北斗 –1A 已经结束任务），将在系统组网和试验基础上，逐步扩展为全球卫星导航系统

北斗卫星导航系统建设目标是建成独立自主、开放兼容、技术先进、稳定可靠覆盖全球的导航系统。

走近中国的北斗

附："科学家与媒体面对面"问答摘录

北斗网记者：刚才李祖洪研究员在报告中提到了，北斗卫星导航系统在设计上与国际导航系统水平相当。我们也注意到，美国目前正在研制他们下一代卫星导航系统GPS-III，面对国际上卫星导航技术日新月异的发展，很多网友都在担心，说北斗卫星导航系统会不会面临着一建成就已经落后的尴尬境地，北斗卫星导航的技术到底处于什么样的水平？谢谢。

李祖洪：这个问题问得非常好，我们也在担心，我们现在搞的区域尤其和全球GPS相比，是否就落后了？卫星导航空间段的建设是一个非常复杂的工程，这个大家都知道，我们从现在开始，就是要集全国的优势，打中华牌，我们把导航载荷上面关键的设备，集中全国的优势，而我们的目标就是奔着GPS-III。刚才最后一句话我就提到，"中国制造"现在在世界上是赫赫有名的，我想我们的卫星也必须是"中国制造"，才能够到2020年，在对GPS方面增强竞争力。

北斗卫星导航系统促进了卫星导航产业链形成，形成完善的国家卫星导航应用产业支撑、推广和保障体系，推动了卫星导航在国民经济社会各行业的广泛应用。

该系统可在全球范围内全天候、全天时为各类用户

北斗覆盖范围

提供高精度、高可靠的定位、导航、授时服务并兼具短报文通信能力。中国以后生产定位服务设备的生产商，都将会提供对 GPS 和北斗系统的支持，会提高定位的精确度。而北斗系统特有的短报文服务功能将收费，这个功能的实用性还有待观察。

附："科学家与媒体面对面"问答摘录

《大众科技报》记者：我们之前了解到，北斗不同于 GPS 等其他导航系统最重要的功能是它的双向通信，请专家给我们介绍一下，北斗的双向通信功能是怎样的？未来在民用方面有什么具体的应用？

谭述森：北斗的双向功能应该定义成为用户与用户之间可以实现数据交换。北斗应用最大特点是导航、位置报告加传感器加上监控功能，这是北斗区别于其他卫星导航系统应用方面的重大特点。要实现双向报文通信，我们同时还可以知道通信站在什么地方，这是北斗最大特点，比如说，你进行监控的时候，要想把车上的、船上的所有货物通过传感器发到你的信息中心，就可以用北斗的链路完成信息收集以后进行发射。发射的过程当中，用不着报告你什么时候在什么位置发射的，只要到了信息中心，信息中心就可以算出来，你是在几点几分报告的，是在什么样的位置上报告的，所以说它的信息量要比 GPS 通信能力要强得多，这就是北斗优于 GPS 的一大特点。

所以，超越 GPS，我们有两个方面，一是把我们的特点要继续发扬下去，二是我们还要知道 GPS 的不足，我们发觉到，

GPS 要完全进行自主导航，现在还不能进行卫星星座的定向，我们看到了它这样一个弱点，我们会有办法解决的。所以请大家放心，中国的北斗一定会从原理到技术各个方面，大大超越 GPS-III。

# "北斗二号"两步走

2004 年国家批准建设北斗二号系统，该系统分两步走，第一步是建成区域系统，第二步是建成全球系统。第一步又称为"北斗二号"一期工程。

"北斗二号"一期工程的最主要特点是提供无源区域导航定位服务（同 GPS 服务），用户具有无源三维定位和测速能力，同时具有简报文通信功能，具有较高的定位和授时精度，具备较强的抗干扰能力。

卫星星座系统的配置为"5GEO + 5IGSO + 4MEO"。即 5 颗地球静止轨道（GEO）卫星、5 颗倾斜同步轨道 (IGSO) 卫星和 4 颗中圆轨道（MEO）卫星。其中四颗中圆轨道（MEO）卫星还同时肩负着验证全球系统的部分功能。

目前，北斗二号一期工程已完成星座组网。

一期工程提供的服务能力：覆盖区，"5+5+4"星座的一般服务区为南纬 55 度到北纬 55 度、东经 55 度到东经 180 度范围。其中，北纬 10 度到北纬 55 度、东经 75 度到东经 135 度范围就是之前提到的重点服务区。定位精度10米。

2011年12月27日起，开始向中国及周边地区提供连续的导航定位和授时服务。

2012年12月27日起，北斗系统在继续保留北斗卫星导航试验系统有源定位、双向授时和短报文通信服务基础上，向亚太大部分地区正式提供连续无源定位、导航、授时等服务；民用服务与GPS一样免费。

目前，北斗卫星系统已经对东南亚实现全覆盖。

如果对北斗二号全球系统做一个展望，在2020年左右，会建成全球系统，相对于区域系统来讲有很多改进。一是增加了星间测距与通信链路；二是增强了卫星在轨的自主运行与管理能力，还增加了新的导航信号，同时提高了导航信号的质量，以提供更好的服务。

中国的北斗导航系统是国家重大决策，是个复杂的科学工程，它将促进多学科的融合与发展。北斗工程是重大的基础设施工程，将服务于社会，服务于国家安全。同样，北斗工程也将会为国家的经济建设提供重要的支撑，为中国的电子信息产业的发展提供强有力的支持。北斗将源于测绘，服务于测绘，中国的北斗也是世界的北斗，尽管面临着很多困难，但是北斗卫星导航事业一定能够取得辉煌的成就！

北斗服务

中国北斗卫星导航系统将以具备世界先进水平的性能进入国际全球卫星导航系统的大家庭，标志着中国在尖端科技研发能力方面进入世界先进行列。同时也为世界和谐、文明进步做出贡献！

# 北斗卫星系统标志的设计寓意

　　该标志的设计寓意是：圆形构型象征"圆满"，与太极阴阳鱼共同蕴含了我国传统文化；深蓝色太空和浅蓝色地球代表航天事业；北斗七星是自远古时起人们用来辨识方位的依据，司南是我国古代发明的也是世界上最早的导航装置，两者结合既彰显了我国古代科学技术成就，又象征着卫星导航系统星地一体，同时还蕴含着我国自主卫星导航系统的名字"北斗"；网络化地球和中英文文字代表了北斗系统开放兼容、服务全球的愿景。

北斗卫星系统标志

便捷的"北斗"

走近中国的北斗

# 北斗的发展历程

　　中国的北斗卫星导航系统分三步走。第一步，2000 年至 2003 年建成北斗卫星导航试验系统；第二步，2012 年形成覆盖亚太大部分地区的服务能力；第三步，2020 年北斗卫星导航系统形成全球覆盖能力。

中国的北斗走了一个和世界完全不一样的步伐。

　　要了解这个步伐，就要从中国北斗的起步任务开始。中国北斗起步任务有三项，第一，进行卫星导航理论及工程试验，这是毫无疑问的。第二，还要满足用户定位急需。第三，要确立导航定位体制，把握中国卫星导航的命运。

　　北斗试验系统是怎样建成的，其背景是，1994 年立项的时候，美国宣布 24 颗卫星组成的 GPS 系统已经建成，实现观测的 4 颗卫星的伪距定位原理。要满足中国区域定位，按照这个原理需要 9-12 颗卫星。4 颗卫星同时定位这个原理是正确的，但应如何采用呢？科学家们认为，要更大减轻系统的负担,要探索更少的卫星数。3颗卫星是可以进行定位的,但要满足在中国上空连续定位,找不到这样的几何图形,所以要进一步追上2颗卫星,就要提供一个定位高层,这2颗卫星的选取在中国的上空形成这2颗卫星的轨道。卫星测量要进行距离测量,这一系列的问题需要一个简单的几何原理。要完成一个复杂的工程,这就带来了一系列的科技难题。

按照三球定位原理,陈芳允院士提出了双星定位原理,并于1989年完成了原理试验,1994年正式立项。在这个过程中,科学家遇到了很多工程化和实用化的难题,但我国科学家克服了困难,满足了既定位位置报告,而且响应时间为1秒的要求,这使其成为优于GPS的一大亮点。更重要的是创立了完善的双星定位工程理论,为二十一世纪用户位置信息共享创造了典范。

我们不仅要知道自己的位置在哪里,更要知道我们相应的位置。我们建成了连续服务系统,实现了空间端、地面端和用户端。双星定位工程理论,虽然有人说它有弊病,但是我们得到了定位与位置报告及短电文通信的高效同时完成,成为汽车联网、船舶联网、减少交通拥堵、行车安全、智能调度的新思路,北斗将是汽车信息由公路到达控制中心的第一个无线电电路。北斗无位置数据的汽车位置报告,在这个位置报告当中,其原理是不需要把位置数据放进去的,和相应为1秒的快速性能,可以确保个人信息的私密性和安全性。定位与位置报告相应时间为1秒的快速特点,将是航空、航海等领域生命救援的宝贵资源。应用终端形式也是很多的,这样一些终端形式都已经解决了,而且都在应用。

卫星导航系统是重要的空间信息基础设施,中国高度重视卫星导航系统的建设，一直在努力探索和发展拥有自主知识产权的卫星导航系统。2000 年，首先建成北斗导航试验系统，使我国成为继美、俄之后的世界上第三个拥有自主卫星导航系统的国家。该系统已成功应用于测绘、电信、水利、渔业、交通运输、森林防火、减灾救灾和公共安全等诸多领域，产生显著的经济效益和社会效益。特别是在 2008 年北京奥运会、汶川抗震救灾中发挥了重要作用。为更好地服务于国家建设与发展，满足全球应用需求，我国启动实施了北斗卫星导航系统建设。

2007 年 4 月 14 日 4 时 11 分，我国在西昌卫星发射中心用"长征三号甲"运载火箭，成功将一颗北斗导航卫星送入太空。约 14 分钟后，星箭分离。西安卫星测控中心传来的数据表明，卫星准确进入预定轨道。

2009 年 4 月 15 日零时 16 分，中国在西昌卫星发射中心用"长征三号丙"运载火箭，成功将第 2 颗北斗导航卫星送入预定轨道。

2010 年 1 月 17 日 0 时 12 分，我国在西昌卫星发射中心用"长征三号丙"运载火箭，成功将第 3 颗北斗导航卫星送入预定轨道，这标志着北斗卫星导航系统工程建设又迈出重要一步，卫星组网正按计划稳步推进。

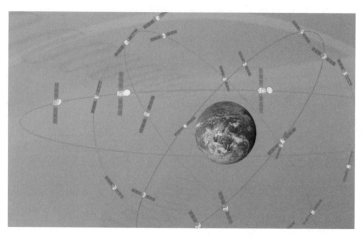

北斗

**长征火箭**

据中国卫星导航工程中心负责人介绍，我国正在实施北斗卫星导航系统（COMPASS，中文音译名称 BeiDou）建设工作，规划相继发射 5 颗静止轨道卫星和 30 颗非静止轨道卫星。 建成覆盖全球的北斗卫星导航系统。按照建设规划，2012 年 10 月 25 日 23 时 33 分，我国在西昌卫星发射中心用"长征三号丙"火箭，成功将第 16 颗北斗导航卫星送入预定轨道。这是我国二代北斗导航工程的最后一颗卫星，这是长征系列运载火箭的第 170 次发射。至此，我国北斗导航工程区域组网顺利完成。2020 年左右，我国将建成覆盖全球的北斗卫星导航系统。

附："科学家与媒体面对面"问答摘录

《北京日报》记者：我们现在的北斗导航系统，地域的范围和概念是什么？地域主要是集中在我们国家的国土范围，是不是有别的国家？除了我们国家的北斗之外，周边其他国家的应用有没有？

谢军：前面我们也在介绍整个北斗系统就是一个区域系统，它的服务覆盖面类似于广播的范围，只对这个区域进行广播服务，其区域范围外的信号是逐渐衰减的。北斗卫星系统包括星座放的位置，基本上都是在我们国土的上空，这就决定了目前的系统建设目标都是有一个服务范围的。作为周边地区也是可以使用北斗的。现在亚太地区的周边国家都在和我们积极探讨使用北斗，因为现在他们都在用GPS，前面讲的伽利略系统还没有建设好，伽利略未来建设的目标可能是一个非常方便大家使用的东西，但是不管怎么样，伽利略到目前为止还没有办法提供试运行服务。周边像巴基斯坦，由我们政府部门组织去了，土耳其最近也在研究用我们的系统，韩国也表示要用我们的。日本在搞区域系统建设，同时他自己也提出想用我们的北斗系统，因为用得系统越多，就越有利于自己将来开发项目。我们在中国周边服务的范围是可以扩大的。

北斗区域服务能力已经在2012年形成，为满足用户连续定位、测速和位置报告需要，2012年完成了卫星组网，满足中国及部分亚太地区的需要。2020年将形成北斗全球服务能力，成为国际上全球导航卫星系统（GNSS）供应商，满足中国国防安全和经济安全的需要。2020年

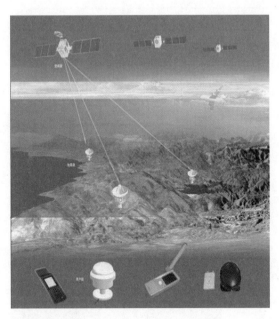

**北斗服务生活**

形成北斗全球服务能力的系统的主要特色，一是定位及位置报告特色不变，其工作原理将由经典的卫星无线电测定业务 RDSS 理论走向广义的 RDSS 原理，一些术语听起来很费劲，实际上，就是现在的北斗 RDSS 卫星效率比大大提高。北斗 RNSS 功能具备同 GPS、GALILEO 广泛的互操作性能。分别可以有 2 或 2 个以上频率的互操作信号。北斗双模用户机可以接收北斗、GPS、GALILEO 信号，并且实现多种原理的位置报告。导航和短报文的结合，将改变现行手机的概念，成为人们出行的生活必需品。

展望未来，北斗将在智能交通、路况信息管理、道路堵塞治理、车辆监控和车辆自主导航方面有广泛的应用前景。配上接收机的话，可以准确地知道他的位置，并告诉公安系统包括监护者，从而实现实时监控。

## 趣味连连看

# 浅谈GPS

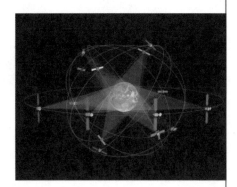

GPS 系统

    GPS 是英文 Global Positioning System（全球定位系统）的简称。GPS 起始于 1958 年美国军方的一个项目，1964 年投入使用。20 世纪 70 年代，美国陆海空三军联合研制了新一代卫星定位系统 GPS。主要目的是为陆海空三大领域提供实时、全天候和全球性的导航服务，并用于情报收集、核爆监测和应急通讯等一些军事目的，经过二十余年的研究实验，耗资 300 亿美元，到 1994 年，全球覆盖率高达 98% 的 24 颗 GPS 卫星星座已布设完成。在机械领域 GPS 则有另外一种含义：

产品几何技术规范（Geometrical Product Specifications），简称 GPS，是针对零件的几何特征建立的一个几何技术体系。

GPS 可以提供车辆定位、防盗、反劫、行驶路线监控及呼叫指挥等功能。要实现以上所有功能必须具备 GPS 终端、传输网络和监控平台三个要素。

# 北斗的工作原理

北斗卫星系统是由我国自主研制的，解决我国空间基础设施的一个重大工程。在建立整个北斗卫星的过程中，以及研制生产发射卫星的过程中，最大的特点就是在国家全面空间基础设施的规划下，明确了这类卫星要解决空间位置与时间基准的作用，通过空间位置和时间基准，把一个基准站建在空间让人们共享，实现导航、定位、授时以及特有位置报告的服务。

北斗卫星系统是如何实现工作的呢？

首先由中心控制系统向卫星 I 和卫星 II 同时发送询问信号，经卫星转发器向服务区内的用户广播。用户响应其中一颗卫星的询问信号，并同时向两颗卫星发送响应信号，经卫星转发回中心控制系统。中心控制系统接收并解调用户发来的信号，然后根据用户申请服务内容进行相应的数据处理。对定位申请，中心控制系统测出两个时间延迟：即从中心控制系统发出询问信号，经某一颗卫星转发到达用户，用户发出定位响应信号，经同一颗卫星转发回中心控制系统的延迟；和从中心控制发出询问信号，经上述同一卫星到达用户，用户发出响应信号，经另一颗卫星转发回中心控制系统的延迟。

由于中心控制系统和两颗卫星的位置均是已知的，因此由上面两个延迟量可以算出用户到第一颗卫星的距离，以及用户到两颗卫星距离之和，从而知道用户处于一个以第一颗卫星为球心的一个球面，和以两颗卫星为焦点的椭球面之间的交线上。另外中心控制系统从存储在计算机内的数字化地形图查寻到用户高程值，又可知道用户处于某一与地球基准椭球面平行的椭球面上。从而中心控制系统可最终计算出用户所在点的三维坐标，这个坐标经加密由出站信号发送给用户。

整个北斗卫星系统具有提供多种导航信号及业务服务功能的能力。这个系统，第一具有 GPS 所有的基于无线电导航业务实现无源定位的导航、定位、授时、测速等等功能，同时又具有类似于雷达、通信的基于无线电测定业务，实现短报文通信及位置报告功能等业务。整个位置报告功能，现在已在国际上、市场上形成了一个新的产业。

## 趣味连连看

# 北斗七星

北斗是由天枢、天璇、天玑、天权、玉衡、开阳、摇光七星组成的。古人把这七星联系起来想像成为古代舀酒的斗形。天枢、天璇、天玑、天权组成为斗身，古曰魁；玉衡、开阳、摇光组成为斗柄，古曰杓。北斗星在不同的季节和夜晚不同的时间，出现于天空不同的方位，所以古人就根据初昏时斗柄所指的方向来决定季节：斗柄指东，天下皆春；斗柄指南，天下皆夏；斗柄指西，天下皆秋；斗柄指北，天下皆冬。

北斗七星从斗身上端开始，到斗柄的末尾，按顺序依次命名为 α、β、γ、δ、ε、ζ、η，我国古代分别把它们称作：天枢、天璇、天玑、天权、玉衡、开阳、摇光。从"天璇"通过"天枢"向外延伸一条直线，大约延长5倍多些，就可见到一颗和北斗七星差不多亮的星星，这就是北极星。道教称北斗七星为七元解厄星君，居北斗七宫，即：天枢宫贪狼星君、天璇宫巨门星君、天玑宫禄存星君、天权宫文曲星君、玉衡宫廉贞星君、开阳宫武曲星君、摇光宫破军星君。

# 北斗对生活的影响

北斗试验系统建成以后，在国防和经济建设中得到了广泛的应用，而且用户逐年增加。现在的北斗试验系统已经在科学、渔业、救灾以及国防领域做出了很大的贡献，未来将在社会生活管理、农业、交通以及工程和科学技术中做出更大的贡献。

北斗卫星，在地面、广大老百姓用户方中产生了很大的应用效果。目前的卫星系统，随着2007年第一颗卫星发射，特别是系统提供试运行以来，已有很多应用的成果。例如，很多企业都投入到北斗的

北斗应用

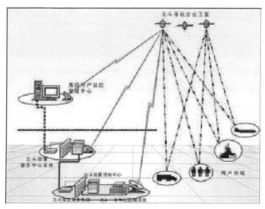

北斗应用优势

**走近科学家**

李长江，中国航天科技集团五院北斗二号卫星总指挥兼导航卫星项目经理。1982年参加工作，历任五院科研生产处副处长、处长，北斗一号卫星副总指挥，五院项目部总工程师、总体部北斗二号卫星副总指挥等职务，获得2010年度航天功勋奖，2010年享受政府特殊津贴。

应用开发中，这里面包括交通运输，有地面的，有海上的，也包括现在中低轨的航天器测控，还包括气象水文检测、应急救灾以及一些重大的任务期间，都在使用北斗卫星系统。整个北斗系统的服务是通过空间段卫星、地面站和用户手里面的终端构成的。该服务领域范围包括电网系统、银行系统、通信系统、能源系统以及老百姓的生活。

北斗在日常生活中已有很多应用的例子，比如已经利用北斗系统进行时间传递和时间同步的研究，已经在科学、金融和电力及通信中得到广泛应用，因为要保证时间的一致性是非常重要的需求。比如，金融的贸易都要有时间点，可能原来是赚的，后来就亏了，所以金融的时间必

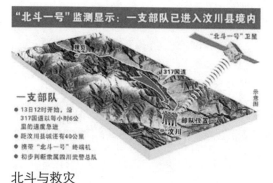

"北斗一号"监测显示：一支部队已进入汶川县境内

"北斗一号"卫星

J317国道

一支部队

● 13日12时开始，沿
  317国道以每小时6公
  里的速度急进
● 距汶川县城还有40公里
● 携带"北斗一号"终端机
● 初步判断隶属四川武警总队

部队位置

汶川

示意图

**北斗与救灾**

须由我们国家自己掌握的时间系统来保障。在渔业方面，北斗系统已经起到了很大的作用，主要的原理是针对不同的鱼群，随着洋流定期洄游的特点，利用北斗系统的定位来寻找将要到某个点的鱼群。渔船和鱼群交汇就可以捕捞到大量的鱼。另外，它还可以确保渔船在海上安全作业，因为北斗试验系统既有定位功能，又有通信功能，当有台风或者海况不好的时候，可以通报情况，让渔船安全返回。

北斗系统在汶川、舟曲的救灾过程中发挥了很大的作用，北斗有定位和特有的短报文通信功能，可以及时把位置报告给救灾指挥部，而当地在灾害的情况下，作为生命线的通信设施已经完全破坏了，唯一有用的就是北斗系统。所以北斗的短报文通信功能在救灾过程中发挥了特别重要的作用，特别是在汶川和舟曲，就是当时救灾人员用北斗接收机进行救灾的范例。

基于北斗的试验系统还开发了森林防火系统，在防火车上装上了具有通信功能的北斗定位接收机，可以引导车子和消防人员到火灾点救灾，或者进行一些人员调度指挥。在水资源方面也已经开始应用，作为水资源监控，它可以实时监测和传递江河的水温环境，包括水污染的信息，以及在海洋上监测海潮的信息，因为海潮的信息既在科学上又在工程上，还在民用上、渔业上都有广泛的应用。

另外是大气环境监测，很多高原地区基于北斗的气象监测站可将气象数据实时发送到气象中心，进行统一计算，气象预报是要用很广泛的区域资料才能得到预报的。当然，作为北斗系统一个主要的运用目标就是国防上的应用，基于北斗试验系统建立了北斗面向陆军的战场和训练指挥系统。包括战场精密武器时间同步协调指挥，飞机、火箭的实时位置、轨道的确定，对我们国家一些武器试验和改进起到了很重要的作用。

附："科学家与媒体面对面"问答摘录

《科技日报》记者：刚才做了一个参观，又听了三位专家详细的讲解，给我们做了一场非常好的科普报告，祝贺航天五院这些年来取得了非常丰硕的创新成果，可以说是成就辉煌。今天我要提的问题是：我们北斗卫星导航系统在世界上是非常有特色，可以说一套系统就解决了用户之间的双向使用，在世界上是一个特色。我要提问的问题，就目前我们的这套系统，中国的老百姓，比如汽车的 GPS、手机、电脑，如果要使用这套北斗卫星导航系统，还需要做一些什么样的硬件方面或者软件方面的工作，是不是很顺利的就可以转过来？还是需要有一个很复杂的过程？谢谢。

李长江：过程不复杂，但是老百姓可能要花一些银子，需要专门的北斗用户接受器才能使用，要不然收到了也使不了。现在国企、民企、私企都在开发北斗的用户接收机，随着我们向公众做出承诺以后开放这个系统，很快就会给广大用户使用。

当我们建成区域系统和全球系统以后，北斗的威力将成倍增加，可以和现在的 GPS 系统发挥的作用完全一样。北斗在全球系统布设完毕以后，将和美国的 GPS、俄罗斯的 GLONASS 以及欧洲的 GALILEO 一起组成全球卫星导航系统，就是由四个星座组成的，现在国际上把它叫做 GNSS，也就是全球卫星导航系统，这样，北斗将具备和 GPS 完全一样的功能。将来北斗会在工程技术上有广泛的应用。首先在航天工程方面将作为关键设备为各类遥感卫星提供精密轨道位置，包括姿态的位置，因为遥感卫星要对准地面，还要对准地面什么地方，才知道我们拍的照片怎么样跟地面匹配起来，这就是要解决的问题。北京的中央电视台钢架结构稳定不稳定？两个钢架在一点交汇的时候，那个地方变形会很大，这是当时测算的温度引起的变形，可以达到十几个毫米，超过一定的变形就会垮，所以在施工过程中要进行严密监测。也可以对一些大坝进行监测，监控大坝毫米级、亚毫米级的变形，它超过一定范围的话，大坝可能会垮掉，引起更大的灾难，这就是当时在 98 抗洪中间起到作用的大坝监控系统，北斗将来完全可以做类似的工程上的应用。再就是桥梁的施工监控以及桥梁完成以后的变形监控，利用卫星定位技术在两个塔顶上，以及在桥面施工过程中间保持准确的对接，以及在工程以后，进行这个桥梁负载变形的监测。这是在公路的碾压、大坝碾压上面，给碾压机装上卫星定位接收机，顶上戴一个帽子就是天线，可以进行大坝碾压的控制，碾得平不平、直不直，碾多少遍，现在完全用机器来控制，保证了质量。

在国防上的应用，能使作战效能提高 100-1000 倍，作战费效比提高 10-50 倍，作战费用交换比降低 20-100 倍，大大提高国防能力和减少国防经济的负担。当然还可以有在其他方面的应用，在民航航路管理和导航、飞机着陆等方面起到关键作用。在陆地交通中用途更多了，北斗将在智能交通、路况信息管理、道路堵塞治理、车辆监控和车辆自主导航方面有广泛的应用前景。我们国家的高铁，也可以运用北斗系统进行道路的建设、路基沉降的监测、可以在运行管理和运行安全监控方面发挥关键性的作用。精密农业，也是个大有前景的地方，北斗的实时精密定位将应用于土地和农田的整理和管理，将装在拖拉机和收割机等农业机械上以 0.1 米的定位精度实现对农田的精密耕作，我们现在耕种面积是亩为单位的，大概是 660 平方米，将来是以 0.1×0.1 平方米的水平进行工作。另外，现在要强调社会管理创新，北斗在这方面也有很大的应用。首先是个人位置服务，每个人拿一个北斗的接收机串街走巷，不会丢失，当然汽车方面就不用说了。在城市的管理、搜救、安全管理方面，也有很广泛的应用，它可以管到城市的每一个部件，现在城市要求网格管理，进行部件管理。弱势群体监护方面，配上接收机的话，可以准确地知道他的位置，告诉公安系统包括监护者，都可以实时监控。校园 GNSS+RFID（非接触式自动识别技术）学生安全监控网，现在要保护中小学生，学生戴校徽，里面加了芯片，任何时候都知道他在哪里，

北斗应用于军事

而且这个信息可以通报给家长、公安局和教育局。

由北斗参与构建的全球卫星导航定位技术的应用，上至航空航天，下至工业、渔业、农业生产和日常生活，已经无所不在了，正如人们所说的，"GNSS的应用，仅受人类想像力的制约"。

## 趣味连连看

### "北斗" 监控校车

在南京高新区的北斗导航产业基地中，6902科技公司正在研发车辆行驶记录仪，它可以在车上分四个位置安装上视频，进行实时监控，一旦有车辆进行超载，此车辆行驶记录仪将自动发送信号到北斗卫星的中央控制器，从而使相关部门进行及时监控。以当前频频出事的校车为例，在校车内安装了此种系统之后，它的车内外便都处在正常的监控范围之内，同时，支持车辆的具体位置和到达信息。因此，也便有了安全保障。

# 苍穹飞吻

## ——认识中国的"太空家园"

目前，我国已拥有天地往返运输工具——神舟载人飞船。天宫一号和未来的空间站与飞船有什么不同？为何要建造空间站？世界各国的空间站是如何运行的？空间站上能干什么？为了让公众理解这些问题背后的真正科学内涵，本章拟从科学家的角度向读者传达以上信息，旨在将载人航天知识准确地介绍给社会大众，其对载人航天工程的认识，发挥科学家在科学传播方面的作用，引导正确、科学的社会舆论。

## ·撷英导读·

中国神舟八号无人飞船与天宫一号成功实现空间交会对接，并以组合体方式成功实现在轨运行，标志着我国空间交会对接的重大突破，是建设创新国家的又一标志性的成果，掀开了中国航天事业发展具有里程碑意义的崭新一页。

# 太空家园

随着时代的发展，社会的进步，出于国际形势的变化，航天技术已经成为一个国家综合国力的重要标志。中国在积极发展航天技术，可以说时至今日，所取得的成绩足以使国人为之骄傲。但是，与世界上的一些航天大国比起来，我们还相差甚远，所以努力发展航天技术是必走之路。

1992年9月21日，中央正式批准实施中国载人航天工程，即"921工程"，在"921工程"设计之初，便确定了载人航天"三步走"的发展战略。第一步就是发射载人飞船，建立初步的载人航天的系统。第二步分两个阶段：第一阶段航天员出舱；第二阶段为交会对接任务，这两个任务

航天员出舱

的实施合并组成了载人航天工程第二步的规划。第三步是建设自己的小型空间站，这三步构成了中国的整个载人航天工程。

## 神舟八号

"神舟八号"飞船为改进型空间飞船，它全长 9 米，最大直径 2.8 米。飞船为三舱结构，由轨道舱、返回舱和推进舱组成。神舟八号飞船在前期飞船的基础上，进行了较大的技术改进，全船一共有 600 多台套的设备，一半以上发生了技术状态的变化，在这中间，新研制的设备、新增加的设备就占了15%。主要变化是两个方面：

神州八号

准备发射的神舟

具备了自动和手动交会对接功能，为此新增加和改进了一些设备。比如新研制了异体同构周边式构型和多种交会对接测量设备，用于交会对接自主控制的飞行软件、控制软件，也是全新设计和研发的。为了满足交会对接的任务，飞船上增加配置了平移和反推发动机。同时，航天员的手动控制设备也进行了改进。

飞船在前期具备 57 天自主飞行的能力基础上，已具备停靠 180 天的能力。神舟八号飞船电源帆板因为采用了新的太阳电池片，发电能力提高了 50%。飞船的降落伞系统和着陆缓冲系统也进行了技术上的改进，提高了使用的可靠性。

# 天宫一号

天宫一号是中国自主研制的全新的载人航天器，它的设计是能够在轨运行两年，主要作用是作为交会对接目标飞行器，跟载人飞船配合完成对接的实验，可以理解为比较简单的或者具备基本功能的空间实验室，在进行载人飞行的时候，航天员可以在天宫一号上进行短期的驻留并开展相关的科学实验，所以是新的载人飞行器。

天宫一号

附："科学家与媒体面对面"问答摘录

《人民日报》记者：我们的太空家园是什么样的？现在可能处于蜗居状态，我们航天员上去相当于在北京打工的，刚开始是住廉租房，后来毛坯房，再以后就是别墅了，太空按立方米算，从这个角度给我们讲讲，在不泄密的情况下，大家注意力已经关注到这个方面了，谢谢。

王翔：大家以前看飞船的画面觉得是蜗居，因为飞船的主要功能不是在上面居住，只是一个往返运输的工具。咱们可以认为是一个公交车，天地往返，主要是保证安全性和基本的起居，如果说居住，充其量算一个卧铺车，不是长期生活的地儿，空间是比较狭小的。

从天宫一号开始，我们的空间就比较大了，因为从天宫一号开始，航天员就要在里面进行短期的生活和工作，所以除了基本的大气压力、氧气、二氧化碳，这是人生存必要的条件，包括温度和湿度。再一个是您关心的空间问题，我们可以比两个数据，飞船直径是 2.8 米，天宫是 3.35 米，天宫直径是非常大的，一般咱们的身高进去以后站直了还有富余，相当于 6—7 平方米的小屋子，可以提供三个人在里面进行工作和生活，是这样的状况。

"天宫一号"是中国第一个目标飞行器和空间实验室，于 2011 年 9 月 29 日 21 时 16 分 3 秒在酒泉卫星发射中心发射，飞行器全长 10.4 米，最大直径 3.35 米，由实验舱和资源舱构成。在"天宫一号"里，航天员生活的实验舱也是飞行器运行的核心舱，里面有很多电子设备。对此，设计师采取了"藏"的策略，把航天员用不着的东西都装修在里面。暴露在外面的设备都采用了圆角的设计，可避免航天员与设备之间的碰撞，保证了安全。

在"天宫一号"内，每个区域旁边都设有数量不等的手脚限位器，总数达到30余个，长约20厘米、采用锦丝带材质的手脚限位器被巧妙地安放在舱壁四周。这种"小身材"装置却有着大功效，它是保证航天员在失重飘移状态下，便于手脚着力的唯一"法宝"，也是舱内数量最多的一种设备。

天宫一号发射

航天员"翱翔"太空

长期太空飞行，娱乐活动对于保证航天员稳定的情绪和乐观的心态非常重要。为保证航天员的娱乐，天宫一号组合体里还专门给航天员提供了用来娱乐的笔记本电脑，航天员在工作之余、在睡觉之前，可以用笔记本电脑来上上网、发发微博、看看大片，播放一些自己喜欢的歌曲和音乐，或者进行其他的娱乐活动。

"天宫一号"的发射标志着中国迈入中国航天"三步走"战略的第二步第二阶段。

## 趣味连连看

# 空间站

空间站（space station）：又称航天站、太空站、轨道站。是一种在近地轨道长时间运行，可供多名航天员巡访、长期工作和生活的载人航天器。空间站分为单一式和组合式两种。单一式空间站可由航天运载器一次发射入轨，组合式空间站则由航天运载器分批将组件送入轨道，在太空组装而成。

国际空间站（International Space Station，ISS）是一项由六个太空机构联合推进的国际合作计划，也指运行于距离地面 400 公里的地球轨道上的该计划发射的航天器。国际空间站的设想是 1983 年由美国总统里根首先提出的，经过十余年的探索和多次重新设计，直到苏联解体、俄罗斯加盟，国际空间站于 1993 年完成设计，并开始实施。

空间站想象图

# "神八"飞吻"天宫"

　　神八的成功发射并与天宫一号实现对接，标志着中国已经初步掌握空间交会对接能力，拥有建设简易空间实验室，即短期无人照料的空间站的能力。

　　"神舟八号"与"天宫一号"对接，组装成空间站雏形。两个或两个以上的航天器通过轨道参数的协调，在同一时间到达太空同一位置的过程称为交会，在交会的基础上，通过专门的对接机构将两个航天器连接成一个整体。形象地说就是要两个飞行器"撞得上，弹不开，撞不坏"。然而，两个高速飞行的航天器在空间轨道上要实现准确会合，同时精度需控制在十几厘米之内，其难度和风险可想而知。因此，可靠性成为交会对接最基本的要求之一。

　　无论是飞船本身还是运载火箭，为了实现更高的可靠性，都做了较大改进。如今的飞船在前期具备 57 天自主飞行的能力基础上，已具备停靠 180 天的能力。飞船电源发电能力提高了 50%。还有，对降落伞系

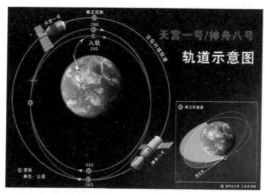

神八、天宫轨道示意

统和着陆缓冲系统也进行了技术上的改进。

空间交会主要有四大步骤：

地面引导——即两个航天器都上天入轨后，通过地面测控站的引导，逐渐缩短相互之间距离。

自动寻的——在相距100公里时，"神舟八号"开始捕捉"天宫一号"，这是一个自动追踪、捕捉的过程，让"神八"通过几次变轨，缩短与天宫的距离。

最终距离——当二者相距在100米到1米之间时，不仅要控制好相互间的距离、速度和姿态，还必须保持

**走近科学家**

童旭东，中国航天科技集团公司载人航天工程办公室主任。在首次交会对接任务中负责运载火箭、目标飞行器和载人飞船系统的具体组织工作，组织完成了多项影响任务成败的关键技术攻关，短线计划管理、重大质量问题归零和条件保障等工作。在任务期间作为任务总指挥部成员和集团公司工作组组长、试验队党委副书记，科学组织，积极协调，圆满完成了发射、飞控和回收各阶段工作。

在每秒 1 米的相对速度内，以准备对接。

对接合拢——这时两个庞大的飞行器，在太空相距仅几十厘米，相对速度约每秒 0.1 米，横向相对误差不超过 18 厘米，才能严丝合缝地连为一体。整个对接过程必须保证接合平稳，不能剧烈摇晃从而影响在轨飞行器的姿态。对接时两个飞行器在空中都是超高速飞行状态，虽然对接时相对速度不大，但要在充斥着高密度等离子体、游离氧及紫外线等的复杂空间环境中，实现两个活动体间的精确对接，难度依然很高。

神八"飞吻"天宫

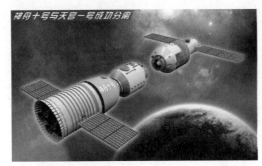

神八与天宫成功分离

附："科学家与媒体面对面"问答摘录

《北京日报》记者：将来人们建空间站到底有什么作用？国际空间站都在运行，人们在干什么工作呢？到底有什么用？谢谢。

童旭东：包括国际上很多情况都面临这个问题，包括国际空间站，项目研制非常好，它是 16 个国家共同建造的，建好了以后干什么，怎么干？有这么一种情况，咱们这个空间站正在开展同步的深入的深化的论证工作。在论证的同时，一方面对整个建设空间站的信息、途径、技术方案进行论证，另一方面也对应用问题同步开展研究，建空间站干什么，目的是什么？和整个工程的研究同步，都在开展相关的研究工作，从航天器、应用、科学实验等各个方面实现论证。所以在空间站建成的时候，肯定应用方案也相应地要随之跟上。

在经费上来说，我们国家的代价相对较小，但也是比较大的经费，建成完了以后，一方面是具有航天大国或者强国的象征性意义，另一方面，从经济上、整个科学研究上也要赋予其独特的性能，让它物有所值。

考虑到天宫一号特殊的重要性，为防止它在发射和在组装运行中出现问题，影响整个交会对接任务实施，科学工作者们准备了天宫二号作为天宫一号备份。

首次交会对接任务安排了两次发射，第一步是由长征二号F发射天宫一号目标飞行器；第二步由长征二号F18火箭发射神舟八号飞船，实施首次交会对接。"神舟八号"与"天宫一号"于2011年11月3日凌晨1时30分时在我国甘肃、陕西上空进行对接。

甘肃、陕西两地测站分布比较密集，属于搭界弧段，可实现测控全可见。同时，甘陕两地又处于天链01星和天链02星两颗中继卫星的覆盖地段，能够保证神舟八号和天宫一号从相距140米的停泊点，到最终的靠拢锁紧阶段，整个过程都在我国观测范围内。

由于轨道运行原因，第一次交会对接的整个过程正好处于夜间，即太阳光无法照射的阴影区，肉眼很难看到，只能通过专业手段进行观测。第二次交会对接处于白天，其实现位置基本上也处于我国甘肃、陕西上空。

"神舟八号"与"天宫一号"在 14 日迎来第一次太空分离、第二次太空交会对接任务。为了充分验证测量设备的抗干扰能力，二次对接在光照区举行。

第二次交会对接要分得开，控得住，对得上。分得开、控得住，指的是"神八"飞船和天宫一号目标飞行器首先要成功分离，然后要保持正确的飞行姿态，以确保相对导航设备工作正常。对得上的最大难点是第二次交会对接的空间条件不同，由地球的阴影区转换成在地球的光照区进行，强阳光可能会对交会对接测量设备造成干扰。

在二次交会对接前，神舟八号与天宫一号的组合体要重新进行转向 180 度，转为天宫在前、飞船在后的运行状态。

二次交会对接前飞船的分离形态，与二次交会对接后飞船最终撤离天宫的方式也不相同。二次交会对接前，组合体进行 180 度调头，飞船正飞分开。而最终撤离返回的时候，组合体不再调头，飞船采取倒飞撤离，即直接从前面撤离。

## 趣味连连看

# 上海世博会"太空家园馆"

　　"太空家园馆"的建筑造型宛如一个"太空魔方",异型的支柱、魔幻的盒子与地球轻盈连接,形成一种摆脱重力的效果。展馆外立面采用环保、经济、可循环使用的织物幕墙。织物本身通透性的特色,配合奇幻的灯光效果,改变了建筑夜间的形象,从而让"太空家园馆"形成白天夜晚不同的视觉效果。

　　展馆外观以浩瀚的宇宙为背景,仿佛是太空飘来的神秘魔方悬浮在空中,以异型的支柱与地面轻盈连接,形成摆脱重力的视觉效果。馆内分为序馆、剧场和场景,主要围绕"天、地、人"的理念展开,展现航天技术发展对人类的贡献,以

太空家园馆

展览中的宇航服

及绿色、安全、智能化的未来家园。

"太空家园馆"以"天—地—人"为展示脉络，将展示区域划分为梦想起源、漫步太空、美好家园三个部分。"天"代表太空，与之相对应的是二层漫步太空影院和美好家园太空展厅；"地"代表地球城市，与之对应的是首层梦想起源等候区和美好家园城市展厅；而"人"就是每一个参观者，他们是探索太空，创造美好城市的主体，整个场馆也是通过他们游历太空、回归城市的过程，表达"和谐城市 人与太空"的主题。

# 中国航天的发展历程

中国航天事业自 1956 年创建以来，经历了艰苦创业、配套发展、改革振兴和走向世界等几个重要时期，才达到相当规模和水平，形成了完整配套的研究、设计、生产和试验体系；建立了能发射各类卫星和载人飞船的航天器发射中心和由国内各地面站、远程跟踪测量船组成的测控网；建立了多种卫星应用系统，取得了显著的社会效益和经济效益；建立了具有一定水平的空间科学研究系统，取得了多项创新成果；培育了一支素质好、技术水平高的航天科技队伍。

中国航天梦

中国航天标志

中国宇航员

腾飞中的中国航天

中国航天事业是在基础工业比较薄弱、科技水平相对落后和特殊的国情、特定的历史条件下发展起来的。中国独立自主地进行航天活动，以较少的投入，在较短的时间里，走出了一条适合本国国情和有自身特色的发展道路，取得了一系列重要成就。中国在卫星回收、一箭多星、低温燃料火箭技术、捆绑火箭技术以及静止轨道卫星发射与测控等许多重要技术领域已跻身世界先进行列。在遥感卫星研制及其应用、通信卫星研制及其应用、载人飞船试验以及空间微重力实验等方面均取得重大成果。

# 人造卫星、运载火箭、载人飞船

中国于 1970 年 4 月 24 日成功地研制并发射了第一颗人造地球卫星，成为世界上第五个独立自主研制和发射人造地球卫星的国家。截至 2000 年 10 月，中国共研制并发射了 47 颗不同类型的人造地球卫星，飞行成功率达 90% 以上。中国已初步形成了四个卫星系列——返回式遥感卫星系列、"东方红"通信广播卫星系列、"风云"气象卫星系列和"实践"科学探测与技术试验卫星系列，"资源"地球资源卫星系列也即将形成。

中国是世界上第三个掌握卫星回收技术的国家，卫星回收成功率达到国际先进水平；中国是世界上第五个独立研制和发射地球静止轨道通信卫星的国家。中国的气象卫星、地球资源卫星主要技术指标已达到 20 世纪 90 年代初期的国际水平。近几年来，中国研制并发射的 6 颗通信、地球资源和气象卫星并投入使用后，工作稳定，性能良好，产生了很好的社会效益和经济效益。

中国独立自主地研制了 12 种不同型号的"长征"系列运

人造卫星

人造卫星

载火箭，适用于发射近地轨道、地球静止轨道和太阳同步轨道卫星。"长征"系列运载火箭近地轨道最大运载能力达到 9200 千克，地球同步转移轨道最大运载能力达到 5100 千克，基本能够满足不同用户的需求。自 1985 年中国政府正式宣布将"长征"系列运载火箭投入国际商业发射市场以来，已将 27 颗外国制造的卫星成功地送入太空，在国际商业卫星发射服务市场中占有了一席之地。迄今，"长征"系列运载火箭共实施了 63 次发射；1996 年 10 月至 2000 年 10 月，"长征"系列运载火箭已连续 21 次发射成功。

中国于 1992 年开始实施载人飞船航天工程，研制了载人飞船和高可靠运载火箭，开展了航天医学和空间生命科学的工程研究，选拔了预备航天员，研制了一批空间遥感和空间科学试验装置。1999 年 11 月 20 日至 21 日，中国成功地发射并回收了第一艘"神舟"号无人试验飞船，标志着中国已突破了载人飞船的基本技术，在载人航天领域迈出了重要步伐。

## 人造卫星技术的应用和推广

中国航天技术的发展为空间科学研究提供了先进的技术手段，在宇宙线、地磁场、电离层、大气密度、太阳 X 射线、粒子辐射、红外辐射等探测方面获得了宝贵的数据。中国发射的卫星为土地资源普查、地质水文调查、矿藏勘察、地震预报、林业监测、铁路和港口建设、环境监测、大地和海洋带测绘等提供了有价值的信息。

1984年4月发射并进入地球静止卫星轨道的试验通信卫星，已用于通信、广播、电视传输，对改善中国边远地区的通信状况发挥了作用。中国的卫星通信地球站先后同法国、德国、意大利合作，利用"交响乐"号卫星、"天狼星"号卫星进行了通信试验。中国研制的卫星云图接收设备接收了美国和日本气象卫星发播的气象云图，对改善气象预报和开展大气科学研究提供了资料。此外，某些单项航天技术已逐步推广应用于其他工业部门。中国航天技术以发展应用卫星为主，由试验阶段进入实用和商品化阶段。

中国从20世纪70年代初期开始利用国内外遥感卫星，开展卫星遥感应用技术的研究、开发和推广工作，在气象、地矿、测绘、农林、水利、海洋、地震和城市建设等方面得到了广泛应用。国家遥感中心、国家卫星气象中心、中国资源卫星应用中心、卫星海洋应用中心和中国遥感卫星地面接收站等机构，以及国务院有关部委、部分省市和中国科学院的卫星遥感应用研究机构已经建立起来。这些专业机构利用国内外遥感卫星开展了气象预报、国土普查、作物估产、森林调查、灾害监测、环境保护、海洋预报、城市规划和地图测绘等多方面多领域的应用研究工作。特别是卫星气象地面应用系统的业务化运行，极大地提高了对灾害性天气预报的准确性，使国家和人民群众的经济损失。

中国从20世纪80年代中期开始利用国内外通信卫星发展卫星通信技术，以满足日益增长的通信、广播和教育事业的发展需求。在卫星固定通信业务方面，全国建有数十座大中型卫星通信地球站，联结世界180多个国家和地区的国际卫星通信话路达2.7万多条。中国已建成国内卫星公众通信网，国内卫星通信话路达7万多条，初步解决了边远地区的通信问题。甚小口径终端 (VSAT) 通信业务近几年发展较快，已有国内甚小口径终端通信业务经营单位 30 个，服务小站用户 15000 个，其中双向小站用户超过 6300 个；同时建立了金融、气象、交通、石油、水利、民航、电力、卫生和新闻等几十个部门的 80 多个专用通信网，甚小口径终端上万个。

在卫星电视广播业务方面，中国已建成覆盖全球的卫星电视广播系统和覆盖全国的卫星电视教育系统。中国从 1985 年开始利用卫星传送广播电视节目形成了占用 33 个通信卫星转发器的卫星传输覆盖网，负责传送中央、地方电视节目和教育电视节目共计 47 套，以及中央 32 路对内、对外广播节目和近 40 套地方广播节目。

卫星教育电视广播开播十多年来，有 3000 多万人接受了大、中专教育与培训。中国建成了卫星直播试验平台，通过数字压缩方式将中央和地方的卫星电视节目传送到无线广播电视覆盖不到的广大农村地区，使中国广播电视的覆盖率有了很大提高。中国现有卫星电视广播接收站约 18.9 万座。在卫星直播试验平台上，还建立了中国教育卫星宽带多媒体传输网络，面向全国开展远程教育和信息技术的综合服务。

中国从 20 世纪 80 年代初期开始利用国外导航卫星，开展卫星导航定位应用技术开发工作，并在大地测量、船舶导航、飞机导航、地震监测、地质防灾监测、森林防火灭火和城市交通管理等许多行业得到了广泛应用。中国在 1992 年加入了国际低轨道搜索和营救卫星组织（COSPAS-SARSAT），以后还建立了中国任务控制中心，大大提高了船舶、飞机和车辆遇险的报警服务能力。

# 航天飞机

　　航天飞机是一种为穿越大气层和太空的界线（高度100公里的卡门线）而设计的火箭动力飞机。它是一种有翼、可重复使用的航天器，由辅助的运载火箭发射脱离大气层，作为往返于地球与外层空间的交通工具，航天飞机结合了飞机与航天器的性质，像有翅膀的太空船，外形像飞机。航天飞机的翼在回到地球时提供空气刹车作用，以及在降跑道时提供升力。航天飞机升入太空时跟其他单次使用的载具一样，是用火箭动力垂直升入。因为机翼的关系，航天飞机的有效载荷比例较低。设计者希望以重复使用性来弥补这个缺点。

　　航天飞机除了可以在天地间运载人员和货物之外，凭着它本身的容积大、可多人乘载和有效载荷量大的特点，还能在太空进行大量的科学实验和空间研究工作。它可以把人造卫星从地面带到太空去释放，或把在太空失效的或毁坏的无人航天器，如低轨道卫星等人造天体修好，再投入使用，甚至可以把欧空局研制的"空间实验室"装进舱内，进行各项科研工作。

　　航天飞机的飞行过程大致有上升、轨道飞行、返回三个阶段。起飞命令下达后，航天飞机在助推火箭的推动下垂直上升，直至进入预定轨道，完成上升。进入轨道后，航天飞机的主发动机熄火，由两台小型火箭发动机控制飞行。到达预定地点后，航天飞机开始工作。航天飞机完成任务后，便开始重新启动发动机，向着地球飞行。进入大气层后，航天飞机速度开始放慢，并像普通滑翔机一样滑翔着陆。

# 引领科技发展的中国航天

载人航天事业是人类历史上最为复杂的系统工程之一，它的发展取决于整个科技水平的发展。同时它也影响着整个现代科学技术领域的发展，从而可促进整个科学技术的发展。

一个国家载人航天技术的发展，可以反映出这个国家的整体科学技术和高科技产业水平，如系统工程、自动控制技术、计算机系统、推进能力、环控生保技术、通信、遥感以及测试技术等诸多方面。它也能体现这个国家近代力学、天文学、地球科学和空间科学的发展水平。没有航天医学工程的研究与发展，要想把人送进太空并安全、健康而有效地生活和工作是不可能的。

美国赫赫有名的"阿波罗"计划从 1961 年开始实施至 1972 年结束，共花费 240 亿美元，先后完成 6 次登月飞行，把 12 人送上月球并安全返回地面。它不仅实现了美国赶超前苏联的政治目的，同时也带动了美国科学技术特别是推进、制导、结构材料、电子学和管理科学的发展。在中国综合国力不断增强的今天，载人航天事业的发展能在极大程度上实现中国科技力量的跨越式发展。

毫无疑问，在地球资源日渐枯竭的未来，对太空资源的开发和利用就日渐重要。而载人航天技术显然在其中占有重要地位。在已知浩瀚的太空是拥有丰富资源的巨大宝库，载人航天事业就是通向这个宝库的桥梁。"太空工厂"可以几乎像是在变魔术一般，在微重力、真空和无对流的条件下，制造出地球上难以形成的合金材料和其他的相关产品，可以想象如果说前三次工业革命给人类带来了巨大的财富，那么这次由太空技术引发的"新工业革命最终将改变整个人类社会的现有模式，"Made In Space"的字样将充满整个市场的各个角落。中国要想在未来市场中占据一席之地，离不开开发太空资源的基础——载人航天技术。

航天事业的发展将标志着人类的发展进入到一个新的阶段的开始。以往只有在科幻电影中才能见到的镜头，将一步步在我们的现实生活中实现。人类转移到其他星球上居住和生活将不再是幻想，完全可以开发出更加美好的生活空间，来解决生活空间越来越拥挤的现状。到了那个时候，人类又将面临着更多新的考验和抉择。

## 趣味连连看

# 嫦娥工程

2004 年，中国正式开展月球探测工程，并命名为"嫦娥工程"。嫦娥工程包含"无人月球探测""载人登月"和"建立月球基地"三个阶段。2007年 10 月 24 日 18 时 05 分，"嫦娥一号"成功发射升空，在圆满完成各项使命

中国探月
CLEP

探月工程

后，于 2009 年按预定计划受控撞月。2010 年 10 月 1 日 18 时 57 分 59 秒"嫦娥二号"顺利发射，也已圆满并超额完成各项既定任务。2012 年 9 月 19 日，月球探测工程首席科学家欧阳自远表示，探月工程正在进行嫦娥三号卫星和玉兔号月球车的月面勘测任务。嫦娥四号是嫦娥三号的备份星。嫦娥五号主要科学目标包括对着陆区的现场调查和分析，以及月球样品返回地球以后的分析与研究。

# 为中国航天梦描绘腾飞蓝图

人类的文明史，某种程度上就是人类不断探索未知的历史。对未知世界的好奇心和求知欲，使得人类探索的脚步一经启动，再未停歇——从森林到沙漠，从赤道到两极，从陆地到海洋，从地球到太空。在上下求索的过程中，航天事业极大扩展了人类活动的疆域，吹响了人类进军太空的号角。

在没有文字之前我们的古人曾经有嫦娥奔月、夸父追日、女娲补天传说、敦煌壁画中的神女飞天等这些民间故事，反映了中华民族先民对实现飞天梦充满希盼，无不倾诉古人的飞天之梦。"神火飞

飞天壁画

鸦""飞空沙筒""震天雷"……中国古人运用火箭充分说明了我们的祖先，在人类古老的飞天路上就有美好幻想。而今，中国人民正以自己的方式迈向飞天。

## 逐步实现的航天梦

新中国的航天梦是从 1956 年 2 月开始的，当时著名科学家钱学森向中央提出《建立中国国防航空工业的意见》。1956 年 4 月，成立中华人民共和国航空工业委员会，统一领导中国的航空和火箭事业。聂荣臻任主任，黄克诚、赵尔陆任副主任，航空工业委员会的成立标志着中国的航天事业的开始。

1958 年 5 月 17 日，毛泽东在中共八大二次会议上发出"我们也要搞人造卫星"的号召，掀起中国航天梦事业的第一个高潮。10 月 20 日，

酒泉卫星发射中心

在前苏联专家的帮助下，在酒泉建立了中国第一个卫星发射场。到了1960年，正当中国仿制P-2导弹的工作进入最后阶段时，中苏之间关于意识形态领域的大论战开始了，被惹恼的赫鲁晓夫下令全部停止根据先前的协议正在进行的对中国的援助。就在前苏联撤走专家17天后的1960年9月10日，中国第一次在自己的国土上，用前苏联专家认为会爆炸的中国自己生产的国产燃料，成功地发射了一枚苏制P-2导弹。

1964年，中国的科学家们起草了《关于人造卫星方案的报告》。12月26日，中国研制的中程火箭首次飞行试验基本成功。1970年4月24日21时31分，中国自行研制的"东方红一号"人造地球卫星飞向太空。这是中国发射的第一颗人造卫星。中国成为世界上第五个能独立研制发射人造地球卫星的国家。这是我国航天史上的第一个里程碑。

1987年8月，中国返回式卫星为法国搭载试验装置。这是中国打入世界航天市场的首次尝试。

二十世纪80年代，基于卫星回收技术上的空间试验成为各国热点。太空越来越成为一个巨大的市场。1985年10月，中国政府宣布，长征系列运载火箭将投入国际市场，承揽国内外用户的商业发射任务。中国的航天事业从此进入了一个参与国际航天市场竞争，与国际太空发展同步的时代。

1986年，3月至4月期间，航天工业部代表团在美国进行了大规模的长征系列火箭的推销活动。在十几天旋风般日程安排中，先后与十几家宇航公司进行了接触，连续进行了多达24场的中国火箭宣讲。

1986年，在美国的著名的麦道公司的谈判室里，两名中方专家在舌战13名美国技术专家后，终于让美国人认识到中国人手中有真家伙，从此美方对中方的态度发生了 180 度的大转变，认真和尊敬起来。

1987 年 8 月，在酒泉卫星发射中心发射的第九颗返回式卫星，为法国马特拉公司搭载了两个微重力试验装置。卫星成功回收后，该公司的相关试验取得圆满成功，这是中国航天界打入世界航天市场的第一次尝试。此后几年中，相继为美国、瑞典等多国的商业卫星发射入天。

1998 年 5 月 2 日，中国自行研制生产的"长二丙"改进型运载火箭在太原卫星发射中心发射成功。这标志着中国具有参与国际中低轨道商业发射市场竞争力。

迄今为止，长征系列火箭已成功把多种试验卫星、科学卫星、地球观测卫星、气象卫星和通讯卫星等送入太空，为中国、巴基斯坦、瑞典、菲律宾、美国、澳大利亚等国家提供商业发射服务。世界上最大的商业卫星供应商美国休斯公司已与中国长城工业总公司签订了长期合作协议。

火箭可以运载并发射卫星上天，而卫星又可以安全返回，这两项成果的取得为载人航天打下了技术基础。除了显而易见的经济效益，载人航天的研制涉及到天文、医学、空气动力学等数十个学科领域。它的成熟将体现一个国家的综合科技水平，关乎一个国家在太空时代的生死存亡。

发射卫星

1999 年 11 月 20 日 6 时 30 分 7 秒，我国第一艘试验飞船神舟一号首发成功，中国成为继美、俄之后世界上第三个拥有载人航天技术的国家。神舟号试验飞船的成功发射和回收，成为我国航天史上的又一里程碑。不久，第二艘飞船神舟二号被制造出来，它的性能比神舟一号更加先进，保证安全与维持生命系统的设备安装的也更加充分。

紧接着神舟三号飞船于 2002 年 3 月 25 日发射。飞船搭载了人体代谢模拟装置、拟人生理信号设备以及形体假人，能够定量模拟航天员呼吸和血液循环的重要生理活动参数。神舟三号轨道舱在太空留轨运行 180 多天，成功进行了一系列空间科学实验。

2002 年 12 月 30 日，神舟四号飞船最后的成功发射，标志着中国载人航天工程经受住了无人状态下最全面的飞行试验考验，创造了中国航天史上低温发射的新纪录，也创造了世界航天史上火箭低温发射的奇迹。

航天梦彰显"中国自信"。作为载人航天的后来者，中国用十年的时间实现了跨越式发展，2003 年首位中国航天员杨利伟乘神舟五号造访太空；2005 年航天员费俊龙、聂海胜在太空遨游 115 个多小时，实现了我国首次"多人多天"航天飞行；2008 年神舟七号任务中，翟志刚身穿我国自主研发的"飞天"号舱外航天服在太空亮相，成为中国"太空漫步"第一人；2011 年，天宫一号与神州八号在太空"牵手"，完成了我国首次空间无人自动交会对接，我国成为世界上第三个自主掌握自动交会对接技术的国家……

中国航天不断刷新着"中国速度"，创造着"中国奇迹"。航天科技是一项复杂的大系统工程，具有多学科、多领域交叉融合的特点，每一次点滴进步都汇聚着众多的科技创新进步。中国航天梦想的一步步实现，彰显着中国创造的实力，向世界传递着中国自信之声：中国人在高科技前沿永远不会输于其他国家，中国的人奋进会创造出更多的奇迹让世界瞩目。

手控交会对接是中国航天事业的历史新高度，是中国向深空进军、向载人空间站时代迈进的新起点。

# 蓝图

根据规划，2016 年前，中国将研制并发射空间实验室，突破和掌握航天员中期驻留等空间站关键技术，开展一定规模的空间应用；2020 年前后，研制并发射核心舱和实验舱，建成载人空间站，突破和掌握近地空间站组合体的建造和运营技术、近地空间长期载人飞行技术，并开展较大规模的空间应用。以此为标志，中国将挺进更强大的太空时代。

这个壮观的蓝图并非唾手可得。要让它如期实现，就必须持之以恒地做好两件事：一是自主创新，二是人才培养。这正是中国航天的主要战略思想，也是中国航天人从零起步走到今天攀登世界航天巅峰的成功路径。

如果说以钱学森、任新民、屠守锷、黄纬禄、梁守槃等一批著名的科学家和技术专家为代表的第一代航天科技人白手起家成就了中国的航天科技伟业，那么今天，这一伟大事业正不断地推出一批批新一代人才。

为此，中国航天科技准备了五个层次的人才队伍：骨干、专才、将才、帅才和大家。

骨干，是独立解决工程实际问题的专业主管；专才，是主导专业技术发展的学术带头人；将才，是组织领导航天工程型号研制的型号总指挥、总设计师等；帅才，是创造性解决重大关键技术问题、实现航天技术里程碑式跨越的重大工程总师、系列总师、领域首席专家等；大家，是开拓航天技术领域的学术巨擘。

这五个层次的人才群体在角色定位、工程经历和作用等方面具有明显的特征，知识跨度是人才成长的支撑，能力层次是人才成长的保证，思维特点是人才成长的关键，品格特质是人才成长的动力。将这些汇总在一起，就形成了鲜明独特的航天科技的育人文化。

展望当今世界，一个新的月球探测热潮已经到来。美国不久前提出"重返月球"，宣布了"新前锋月球探测计划"，明确今后的深空探测以月球为主。欧洲空间局则计划在2020年之前分4个阶段进行月球探测，最后将完成月球基地建设，航天员进驻永久性月球基地，2020年年内将发射首颗月球探测器。此外，日本、印度也提出了自己的探月计划，甚至连美国的一些私人公司也加入了探月热潮，计划发射探测器……

面对激烈的空间科技竞争，中国人的脚步不仅不能停下，还要快马加鞭，迎头赶上。太空揽月，中国应该有所作为，并且担当重要责任。

## 趣味连连看

# 酒泉卫星发射中心

酒泉卫星发射中心是中国最早建成的运载火箭发射试验基地，是测试及发射长征系列运载火箭、中低轨道的各种试验卫星、应用卫星、载人飞船和火箭导弹的主要基地，基地并负有残骸回收、航天员应急救生等任务。

酒泉卫星发射基地始建于1958年，位于内蒙古西部阿拉善盟的额济纳旗西南，其中基地的核心区东风航天城位于内蒙古自治区阿拉善盟额济纳旗境内的巴音宝格德山下，最早地址在宝日乌拉，1958年为了国防建设，额济纳蒙古牧民近1386人和500多户，迁往额济纳古日乃和马鬃山地区，为国防建设做出了伟大贡献。该地区属内陆及沙漠性气候，地势平坦，人烟稀少，全年少雨，白天时间长，每年约有300天可以进行发射试验。